U0180010

国家出版基金项目
NATIONAL PUBLICATION FOUNDATION

国 家 出 版 基 金 资 助 项 目
"十三五"国家重点图书出版规划项目
智能制造与机器人理论及技术研究丛书
总主编 丁汉 孙容磊

航空复杂薄壁零件智能加工技术

张定华 罗明 吴宝海 张莹◎著

HANGKONG FUZA BAOBI LINGJIAN
ZHINENG JIAGONG JISHU

华中科技大学出版社
http://www.hustp.com
中国·武汉

内 容 简 介

本书系统地总结了作者近年来在航空复杂薄壁零件智能加工技术方面的研究成果。全书共6章,第1章至第2章介绍了数控加工模型的发展历程及时变加工过程的多态演化工艺模型,阐述了智能加工技术中系统模型基础。第3章至第5章针对典型航空复杂薄壁零件的加工过程,介绍了作者提出的加工过程的监测与数据处理方法、工艺模型的学习优化方法、加工过程动态响应预测与调控方法。第6章针对薄壁零件加工的残余应力变形预测问题,介绍了作者提出的装夹感知方法。

本书内容具有先进性、新颖性,对数控加工、CAD/CAM、智能制造、航空制造工程等领域的科研和工程技术人员具有重要的参考价值,同时也适合作为高等院校相关专业的研究生教材或参考书。

图书在版编目(CIP)数据

航空复杂薄壁零件智能加工技术/张定华等著.—武汉:华中科技大学出版社,2020.7
(智能制造与机器人理论及技术研究丛书)
ISBN 978-7-5680-6203-9

Ⅰ.①航…　Ⅱ.①张…　Ⅲ.①航空材料-薄壁件-加工　Ⅳ.①V25

中国版本图书馆 CIP 数据核字(2020)第 124460 号

航空复杂薄壁零件智能加工技术　　　　　　　　张定华　罗　明　　著
Hangkong Fuza Baobi Lingjian Zhineng Jiagong Jishu　　吴宝海　张　莹

策划编辑:俞道凯
责任编辑:程　青
封面设计:原色设计
责任监印:周治超
出版发行:华中科技大学出版社(中国·武汉)　　　电话:(027)81321913
　　　　　武汉市东湖新技术开发区华工科技园　　　邮编:430223
录　　排:武汉市洪山区佳年华文印部
印　　刷:湖北新华印务有限公司
开　　本:710mm×1000mm　1/16
印　　张:10.75
字　　数:185千字
版　　次:2020年7月第1版第1次印刷
定　　价:90.00元

智能制造与机器人理论及技术研究丛书

专家委员会

顾问委员会

编写委员会

作者简介

▶ **张定华** 男，1958年生，西北工业大学教授，博士生导师。于1996—1999年先后在美国康奈尔大学（Cornell University）和罗切斯特大学（University of Rochester）做高级访问学者。曾任西北工业大学飞行器制造工程系（现航空宇航制造工程系）主任、机电学院院长。航空宇航制造工程国家重点学科带头人、工信部航空发动机先进制造技术国防科技创新团队负责人、航空发动机和燃气轮机重大专项基础研究制造工艺专业组副组长。主持航空发动机和燃气轮机重大专项、973计划课题、国家自然科学基金重点项目、863计划项目等国家级项目25余项，获国家级奖励3项。研究成果入选教育部"中国高等学校十大科技进展"1项，"985工程"十年建设成就重大标志性成果1项。获授权发明专利40项，发表论文200余篇，培养博士生80余人。

荣获"做出突出贡献的中国博士学位获得者""全国教育系统劳动模范""人民教师奖章"、陕西省"三秦学者"岗位特聘教授、"中国科协西部开发突出贡献奖"等荣誉称号和奖章，入选教育部"跨世纪优秀人才培养计划"、首批"新世纪百千万人才工程"国家级人选、陕西省"新世纪三五人才工程"等。1993年被评为享受国务院政府特殊津贴专家。兼任国家科学技术奖励评审专家、国家自然科学基金项目同行评议专家，*Chinese Journal of Aeronautics*、《中国机械工程》编委成员。先后在机械工业出版社、施普林格（Springer）出版集团等出版中英文专著5部。

▶ **罗明** 男，1983年生，西北工业大学副研究员，博士生导师。2001年进入西北工业大学教改班（现教育实验学院），2012年获西北工业大学航空宇航制造工程专业博士学位。现任工信部重点实验室——航空发动机高性能制造实验室副主任。中国工程院第四届中美工程前沿研讨会先进制造组中方代表，首届中印青年工程领袖研讨会中方代表。主要从事航空复杂零件智能加工、加工过程监测与优化等方面的研究，主持国家自然科学基金项目4项、陕西省重点研发计划项目1项、国家科技重大专项04专项子课题1项，相关成果在国家重点航空发动机型号叶片、叶盘、机匣等零件的生产中得到验证与应用。获陕西高等学校科学技术奖一等奖、中国产学研合作创新成果奖二等奖各1项。发表论文50余篇，获授权发明专利4项。*Chinese Journal of Aeronautics* 2013—2018年高被引学者。担任《中国科学: 技术科学》《航空学报》等国内外期刊审稿人。

作者简介

▶ **吴宝海**　男，1975年生，西北工业大学机电学院教授，博士生导师。分别于1997年、2000年和2005年获西安交通大学流体机械及工程专业学士、硕士学位和动力工程及工程热物理专业博士学位，随后进入西北工业大学航空宇航制造工程博士后流动站工作，2007年出站后留校工作至今。任陕西省计算机学会理事、陕西省机械工程学会工业工程与管理分会理事。致力于复杂结构多坐标高效精密数控加工理论的研究。自2000年以来，在国内外学术杂志和国际会议上发表论文30余篇。主持国家自然科学基金项目2项，国家科技重大专项04专项子课题2项，工信部智能制造专项1项，陕西省重点研发计划项目1项。先后主持完成自由曲面离心式叶轮、航空发动机叶片多轴数控加工专用编程系统的开发工作，成果应用在国家重点型号工程中。

▶ **张莹**　女，1981年生，博士，西北工业大学副研究员。分别于2006、2011年获西北工业大学计算数学专业硕士、航空宇航制造工程专业博士学位，随后进入西北工业大学机械工程博士后流动站工作，2014年1月出站后留校工作至今。一直致力于CAD/CAM、多轴数控加工及自适应加工的理论与技术研究，其博士学位论文《叶片类零件自适应数控加工关键技术研究》于2012年11月荣获第二届上银优秀机械博士论文奖佳作奖。近年来，在国内外学术杂志和国际会议上发表论文10余篇。主持国家自然科学基金青年科学基金项目、国家科技重大专项04专项子课题、陕西省自然科学基金项目和航空科学基金项目等7项，参与973计划、国家科技重大专项04专项子课题等项目多项。中国机械工程学会高级会员，并担任The International Journal of Advanced Manufacturing Technology、Measurement等多个国内外期刊审稿人。

 总序

近年来,"智能制造+共融机器人"特别引人瞩目,呈现出"万物感知、万物互联、万物智能"的时代特征。智能制造与共融机器人产业将成为优先发展的战略性新兴产业,也是中国制造 2049 创新驱动发展的巨大引擎。值得注意的是,智能汽车与无人机、水下机器人等一起所形成的规模宏大的共融机器人产业,将是今后 30 年各国争夺的战略高地,并将对世界经济发展、社会进步、战争形态产生重大影响。与之相关的制造科学和机器人学属于综合性学科,是联系和涵盖物质科学、信息科学、生命科学的大科学。与其他工程科学、技术科学一样,它也是将认识世界和改造世界融合为一体的大科学。20 世纪中叶,*Cybernetics* 与 *Engineering Cybernetics* 等专著的发表开创了工程科学的新纪元。21 世纪以来,制造科学、机器人学和人工智能等领域异常活跃,影响深远,是"智能制造+共融机器人"原始创新的源泉。

华中科技大学出版社紧跟时代潮流,瞄准智能制造和机器人的科技前沿,组织策划了本套"智能制造与机器人理论及技术研究丛书"。丛书涉及的内容十分广泛。热烈欢迎各位专家从不同的视野、不同的角度、不同的领域著书立说。选题要点包括但不限于:智能制造的各个环节,如研究、开发、设计、加工、成形和装配等;智能制造的各个学科领域,如智能控制、智能感知、智能装备、智能系统、智能物流和智能自动化等;各类机器人,如工业机器人、服务机器人、极端机器人、海陆空机器人、仿生/类生/拟人机器人、软体机器人和微纳机器人等的发展和应用;与机器人学有关的机构学与力学、机动性与操作性、运动规划与运动控制、智能驾驶与智能网联、人机交互与人机共融等;人工智能、认知科学、大数据、云制造、物联网和互联网等。

本套丛书将成为有关领域专家、学者学术交流与合作的平台,青年科学家茁壮成长的园地,科学家展示研究成果的国际舞台。华中科技大学出版社将与

施普林格(Springer)出版集团等国际学术出版机构一起,针对本套丛书进行全球联合出版发行,同时该社也与有关国际学术会议、国际学术期刊建立了密切联系,为提升本套丛书的学术水平和实用价值、扩大丛书的国际影响营造了良好的学术生态环境。

近年来,高校师生、各领域专家和科技工作者等各界人士对智能制造和机器人的热情与日俱增。这套丛书将成为有关领域专家学者、高校师生与工程技术人员之间的纽带,增强作者与读者之间的联系,加快发现知识、传授知识、增长知识和更新知识的进程,为经济建设、社会进步、科技发展做出贡献。

最后,衷心感谢为本套丛书做出贡献的作者和读者,感谢他们为创新驱动发展增添正能量、聚集正能量、发挥正能量。感谢华中科技大学出版社相关人员在组织、策划过程中的辛勤劳动。

华中科技大学教授

中国科学院院士

2017 年 9 月

前言

理论上，数控加工中只要使用零件模型编程，生成"正确"的程序，就能加工出合格的零件。然而，在实际的生产实践中，尤其是航空复杂薄壁零件的加工中，数控加工过程并非一直处于理想状态，材料去除会导致出现多种复杂的物理现象，如加工几何误差、热变形、弹性变形以及系统振动等。这些问题的存在，使得根据理论模型生成的"正确"程序，并不一定能够加工出合格、优质的零件，同时设备加工能力得不到充分发挥，机床组件及刀具的使用寿命也会受到影响。产生上述问题的原因在于，传统加工过程经常只考虑了数控机床或者加工过程本身，缺乏对机床与加工过程交互作用机理的综合理解，难以实现事先对加工工艺系统进行准确建模。而这种交互作用又经常产生难以预知的效果，大大增加了加工过程控制的难度，使对加工过程的精确控制难以实现。航空发动机等复杂装备上的整体叶盘、整体机匣等零件的结构越来越复杂，其极端恶劣的服役环境对加工过程与加工品质的要求也越来越高。作者在30余年航空复杂薄壁零件研制工程实践经验与研究的基础上，近8年来对加工工艺的智能化技术进行了系统性研究，提出了智能加工技术的基本框架及实施途径，取得的主要研究成果包括：

(1)提出了"无试切"侦测加工方法，通过主动激励与在线监测相结合，将试切融入零件加工过程，保证试切和实际加工过程中工件材料、结构、工艺和过程四个因素完全相同，解决现有工艺模型由于建模条件与加工过程不同而导致的模型不精确问题。

(2)提出了基于侦测加工的自主学习与模型进化方法。利用在线侦测获取实时工况和系统响应信息,通过建立联想记忆知识模板表征工况、界面耦合行为和工件品质之间的映射关系,实现工艺知识的积累与模型的进化;针对加工过程中工件状态、刀具磨损的强时变特性,通过时空细分多态演化建模方法实现工件、刀具状态在工步内的动态建模;利用工步间的数据存储模板,基于在位测量和离线检测实现综合加工误差补偿模型的迭代学习与进化,解决了现有工艺模型和建模方法难以实现动态建模、自主学习与自适应进化的问题。

(3)建立了残余应力变形感知预测的数学模型,基于超静定理论提出了基于装夹力监测的残余应力变形感知预测模型的求解方法,为航空复杂薄壁零件加工变形的在位预测提供了新的思路。

相关的一系列模型和方法应用于航空发动机大型风扇叶片、整体叶盘、整体机匣和飞机结构件等零件的研制中,取得了良好的应用效果。

本书内容具有先进性、新颖性,对数控加工、CAD/CAM、智能制造、航空制造工程等领域的科研和工程技术人员具有重要的参考价值,同时也适合作为高等院校相关专业的研究生教材或参考书。

在本书完成之际,作者衷心感谢各位学术前辈、师长和同事们的支持与帮助。本书是在作者所指导博士研究生的研究成果的基础上综合而来的,包括周续、韩飞燕、刘一龙、侯永锋、侯尧华、韩策、梅嘉炜、马俊金、王骏腾、刘冬生、姚琦等,在此也向他们表示谢意!

感谢国家重点基础研究发展计划课题(2013CB035802)、国家自然科学基金项目(51305354、51475382、51575453、51675438、91860000)、西北工业大学中央高校基本科研业务费项目(3102017gx06008、3102018jcc004、31020190505002)和西北工业大学"双一流"研究生核心课程建设项目的支持!

由于作者水平有限,书中难免会有纰漏和疏忽,敬请读者批评指正。

特别声明:本书没有统一的符号表,各章的符号定义自成体系。

作　者

2019 年 8 月

目录

第 1 章
绪论

1.1 数控加工技术

1.1.1 数控技术发展历程

数控技术,简称数控(numerical control),是采用数字控制的方法对某一工作过程实现自动控制的技术。1948 年,美国空军提出研制直升机螺旋桨叶片轮廓检验用样板的加工设备,由于样板形状复杂,精度要求高,提出了采用数字脉冲控制机床的想法。1952 年,美国麻省理工学院与帕森斯公司合作研发的采用电子管元件的第一台三坐标数控铣床试制成功。1959 年,采用晶体管元件和印刷电路板的数控装置出现,同时出现了自动换刀装置,加工中心(machining center)由此出现。20 世纪 60 年代末至 70 年代中,采用小型计算机控制的计算机数控(computerized numerical control,CNC)系统以及使用微处理器和半导体存储器的微型计算机数控系统相继出现。从 20 世纪 80 年代开始,人机对话式自动编程技术和 PC+CNC 系统相继出现,极大促进了数控加工技术的发展与应用。现在,数控技术也叫计算机数控技术,它是采用计算机实现数字程序控制的技术,可以通过计算机软件方便地实现数据的存储、处理、运算、逻辑判断等各种复杂功能[1, 2]。

一般情况下,当根据零件的理论模型编制完数控加工程序后,数控机床会按照规划的加工轨迹运动,理想情况下可以得到合格的加工零件。然而,加工过程中经常出现一些产品质量不合格的问题,例如:采用同样的数控加工程序和装备但得到了不同的加工质量或产品质量不稳定,几何上检测合格的零件并不能达到服役性能的要求。实际上,数控加工过程并非一直处于理想状态,伴随着材料去除会出现多种复杂的物理现象,如机床运动误差、热变形、弹性变形以及系统振动等。这些现象的存在导致实际的加工过程与零件的理想加工状态存在差异并影响了最终加工质量。在以往的研究与实际生产中,通常只注重数控机床或者加工过程本身,缺乏对机床与加工过程交互作用机理的综合理解。而这种交互作用又经常产生难以预知的效果,大大增加了加工过程控制的难度[3]。实际生产中,对于结构较为简单、精度要求不高且壁厚较大的零件,上述影响并不明显。对于结构复杂且壁厚较小的零件,目前主要还是通过一线有经验的工人进行加工过程及产品质量的控制。

然而,航空发动机等复杂装备上零组件的结构越来越复杂,这类产品的加工质量对其服役性能的影响也十分显著。例如,航空发动机压气机叶片的加工精度对其气动性能有直接影响,工件表面的应力状态与表面微结构对其疲劳寿命有决定性作用。这对复杂零部件加工过程品质稳定性及加工质量一致性提出了更高的要求。因此,传统的只针对加工结果进行检测、评估和只考虑几何加工精度的质量保障方法并不能满足新一代高端装备对加工品质的要求[4]。

加工过程中,刀具切削材料产生力、热等加工负载[5],加工装备在负载的作用下产生振动、变形等响应,这些响应反过来又影响加工过程与表面质量,从而形成了复杂的加工工艺系统。这一工艺系统结构高度复杂,且是非线性的,难以准确建模[6]。同时,加工过程中存在大量非确定性、随机性因素,导致对加工过程的响应与加工品质的预测更加困难[7]。例如,在航空发动机高温合金等难加工材料切削过程中,在剧烈的力热耦合作用下,刀具快速磨损[8],一把刀具加工几十分钟就可能需要更换[9],如图 1.1 所示。然而,由于刀具磨损本身存在随机性,无法实现准确的刀具磨损值预测,只能根据经验值提前换刀。这种方法造成的后果是,刀具得不到有效利用从而造成刀具成本过高,以及材料的非均匀性和性能波动造成刀具提前损坏并破坏加工表面。

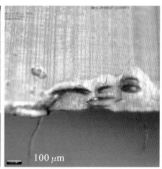

图 1.1　航空镍基高温合金铣削中的刀具磨损[9]

综上所述,传统的加工技术状态已与高端装备零部件的制造品质要求不相适应,而加工工艺系统的复杂性又与这类产品加工过程的高一致性和高品质要求相互矛盾。要解决上述问题,必须变革传统的理念,将机床与加工过程一起考虑,对其交互作用进行建模与仿真,进而优化加工过程,改进加工系统设计,减少加工过程中的缺陷[4]。同时,借助先进的传感器技术和其他相关技术装备数控机床,对加工过程中的工况进行及时感知和预测,对加工过程中的参数与加工状态进行评估和调整,达到经济、有效提升形状精度与表面质量的目的[10]。因此,急需突破现有加工技术的瓶颈,发展新一代的加工技术,满足重大装备发展的需要。

近年来,随着传感与监测技术、计算技术、数据处理及人工智能技术的发展,采用新的技术解决复杂工艺系统准确建模、加工过程系统响应准确预测与控制等问题成为可能。这些新兴技术与加工过程的结合也促进了智能加工这一新一代加工技术的发展。

1.1.2 数控加工模型的发展阶段

随着数控技术的发展,数控加工模型也在不断发展,经历了从最初的只处理二维图形到同时考虑几何与物理约束,以及现在的智能加工阶段,如图 1.2 所示。每个阶段的基本特点如下。

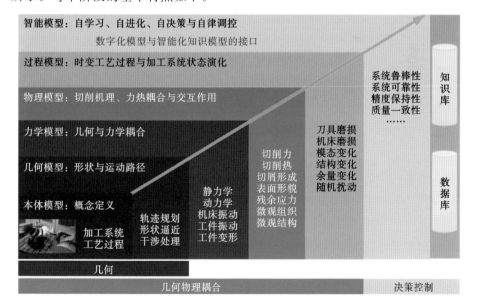

图 1.2 数控加工模型的几个发展阶段

（1）几何模型阶段：这一阶段主要是根据零件的几何特征,解决加工过程中的几何与路径控制问题,生成产品的数控加工轨迹,实现自动化高精度加工。这一阶段研究的主要内容包括加工轨迹的规划、加工轨迹与工件几何形状的准确逼近、刀具与工件干涉的处理等。这一阶段在数控加工模型的发展中占据了较长的时间,伴随着第三次工业革命带来的变革,解决了复杂零部件自动化制造与大批量生产的基本问题。

（2）力学模型阶段：这一阶段主要是解决加工较复杂零件过程中出现的静力学与动力学等问题,主要研究让刀变形控制、加工中机床与工件的振动抑制等问题,进一步提高工件的加工精度与效率。这一发展阶段大概从 20 世纪 80 年代初开始并一直延续到现在,是薄壁零件加工中的一个重要研究方向。这一阶段的发展使得人们认识到了数控加工中只考虑纯几何问题的局限性,并发展了相关的控制方法,对提高加工效率与精度起到了巨大的促进作用。

（3）物理模型阶段：这是加工技术研究中持续时间较长的一个阶段,这个阶段的研究旨在从切削机理出发并将研究成果融合到零件的加工过程中。从 20 世纪初开始即有针对金属材料切削机理的大量研究,在数控技术快速发展的阶段,这些基础理论在工程中的应用促进了工件加工品质的进一步提升。目前,这一阶段还在不断发展,并重点聚焦加工过程中工件表面微观组织、残余应力等的形成机理及力热耦合作用对表面完整性和零部件服役性能的影响。

（4）过程模型阶段：在研究加工过程中某一固定时刻单点问题的基础上,加工过程中系统状态的变化及其对加工品质的影响是近二十年来复杂构件加工中的研究焦点之一。研究的内容主要包括：薄壁零件材料切除对动态特性的影响、大型数控机床不同位姿对加工过程的影响、机床长期使用过程中性能变化对加工品质的影响、刀具磨损等时变因素的影响等。这一阶段将加工过程看成复杂的动态过程,在满足高端装备复杂构件高品质制造要求方面起到了重要作用。

（5）智能模型阶段：随着高端装备零部件结构复杂性的提高与对制造品质的更高要求,实现加工过程的准确控制、加工表面品质的准确保障,以及实现每件产品的正确加工,成为目前加工技术发展的重要前沿。智能模型阶段旨在通过相关技术的应用,实现加工过程的自学习、自进化、自决策,从而提高加工工艺系统的鲁棒性、可靠性,全面提升产品加工品质的一致性。

当前,在全球科技竞争日趋加剧、科技壁垒重新显现的背景下,加快制造领域技术发展转型升级、掌控高附加值产品制造核心技术、发展数据驱动的智能加工技术,已成为世界各国在制造领域科技竞争中抢占制高点的突破口,也是我国实现弯道超车,成为科技强国的关键之一。

1.2　智能加工技术

1.2.1　智能加工技术的内涵

智能加工技术属制造过程智能化范畴,以实现数控加工过程智能化为目标,包括数控加工工艺系统和工艺过程的建模仿真、优化控制和智能加工系统集成等关键技术,以及智能加工机床与智能工装、智能网络通信等相关技术[3]。

如图 1.3 所示,智能加工系统由工艺模型信息系统、智能加工控制系统、加工知识库与设备等组成,是智能制造系统从车间到底层设备纵向集成的"中间层",是智能制造系统的底层工艺信息模型和物理加工设备融合的系统。通过现代传感、网络通信等相关技术,该系统可实现智能加工控制系统与智能加工设备的动态集成(加工系统、过程和装备的动态监测与控制),以及基于工艺模型信息系统的知识集成(数据存储、处理和知识挖掘、集成、管理)。

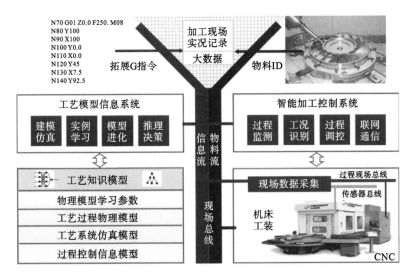

图 1.3　智能加工系统的总体架构

1.2.2　智能加工的实现途径

在智能加工系统中,一般借助先进的数字化检测与加工设备及虚拟仿真手段,实现对加工过程的建模、仿真、预测、优化,以及对真实加工过程的在线监测与控制,即实现动态集成。此外,集成现有工艺知识和推理决策机制,使加工系统能够根据实时工况自动优选加工参数,调整自身状态,获得最优加工性能与质效,即实现知识集成。

典型的智能加工技术路线如图 1.4 所示,针对不同零件的加工工艺规划、切削参数、进给速度等加工过程中影响零件质量和加工效率的各种参数,通过基于加工过程模型的仿真,进行参数的预测和优化选取,并生成优化的加工过程控制指令。加工过程中,利用各种传感器、远程监控与故障诊断技术,对加工过程中的振动、切削温度、刀具磨损、加工变形以及设备的运行状态与健康状况进行监测。在此基础上,根据预先建立的系统控制模型,实时调整加工参数,并对加工过程中产生的误差进行实时补偿。

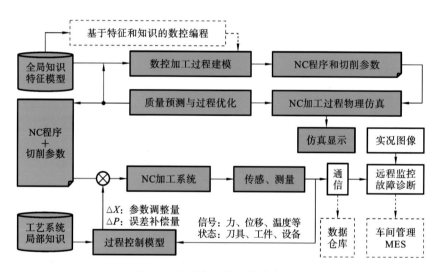

图 1.4 智能加工的总体技术路线

从上述智能加工技术的内涵及实施途径可以看出,智能加工技术是涉及数控加工、切削、传感、控制等多个领域的一个交叉技术。

1.2.3 智能加工技术涉及的基础知识

1. 数控加工技术

数控加工技术主要涉及根据零件的结构特点及工艺要求,采用编程软件自动生成数控加工轨迹,以及控制数控机床,使之按照规划的路径运动。其中涉及的主要研究内容包括:加工轨迹的规划、碰撞干涉的避免、轨迹的光顺优化、高效加工轨迹的生成、特征驱动的智能化编程以及加工过程的数字化控制等。

2. 切削加工

切削加工是利用切削刀具和工件的相对运动,从毛坯(铸件、锻件、型材等)上切除多余的材料,以获得尺寸精度、形状和位置精度、表面质量完全符合图样要求的零件的加工方法。铸、锻、焊加工出来的大都为零件的毛坯,一般很少能够直接使用或进行装配,还需要进一步切削加工,才能满足零件的技术要求。尤其是航空发动机零部件多为高精度复杂结构零件,需要通过机械加工的方式保障加工精度和表面加工质量。

3. 大数据挖掘

数据挖掘是一系列的处理过程,最终的目的是从数据中挖掘出想要的或者意外收获的信息。加工过程会产生大量的数据,包括刀具持续切削材料产生的力、热、振动、变形等数据,机床的运行位置、姿态、振动等数据,以及加工后工件的几何尺寸、表面状态、刀具磨损等数据。当把加工过程中随加工位置变化的这些数据都搜集起来之后,将获得反映加工过程的完整数据。这些数据体量大,种类多,相关性强。因此,可以通过聚类分析等数据挖掘方法进行加工过程的分析,建立加工过程数据与工件表面加工品质、效率甚至工件的服役性能之间的关联关系。

4. 机器学习

机器学习是一门多领域交叉学科,涉及概率论、统计学、逼近论、凸分析、算法复杂度理论等多门学科。加工过程中的机器学习主要是让加工工艺系统随着经验知识和数据的积累,性能逐步提升,不断提高产品的加工质量和效率。机器学习中会用到大量的数据挖掘方法。

5. 智能化控制

传统的数控加工中,数控机床的主要功能是按照给定的加工代码,控制机床执行相应的运动。对加工过程中可能出现的异常状态,如加工振动、变形、刀具失效等一般并不进行监测与控制。然而,随着高端装备对加工品质要求的提升,对加工过程异常状态的监测与控制对保障产品的加工品质就至关重要。典型的加工过程智能化控制包括:加工振动的监测与主动控制、让刀变形的监测与控制、残余应力变形的监测与校正、异常状态的监测与在线调控等。

1.3 本书的内容编排

本书是作者在加工过程建模、工艺模型、加工过程优化与控制等方面取得的规律性认识和创新性成果的系统性总结。本书后续内容的安排如下：

第2章介绍时变加工过程的多态演化工艺模型，包括加工工艺系统的描述、加工过程的多态演化模型、工件几何演化模型及动力学演化模型、刀具磨损演化模型等内容。

第3章介绍切削加工过程监测与数据处理方法，包括加工过程中的侦测方法、切深切宽侦测方法、刀具磨损状态侦测方法，以及基于现场监测数据的切削力系统辨识方法等内容。

第4章介绍工艺模型的学习优化方法，包括加工过程学习优化的基本原理、加工过程数据的时空映射方法、加工误差的补偿迭代学习方法、深孔钻削深度的迭代优化方法和加工工艺参数的循环迭代优化方法等内容。

第5章介绍加工过程的动态响应预测与调控方法，以发动机典型机匣及叶片为例，阐述加工过程的动态响应预测、基于切削参数优选和局部装夹增强的动态响应控制方法，以及阻尼辅助支撑调控方法等内容。

第6章介绍薄壁零件加工残余应力变形的装夹感知方法，包括薄壁零件加工残余应力的产生、残余应力变形感知预测原理、残余应力变形感知预测方法等内容。

本章参考文献

[1] 周济，周艳红. 数控加工技术［M］. 北京：国防工业出版社，2002.

[2] 刘雄伟，等. 数控加工理论与编程技术［M］. 2版. 北京：机械工业出版社，2003.

[3] 张定华，罗明，吴宝海，等. 智能加工技术的发展与应用［J］. 航空制造技术，2010(21)：40-43.

[4] M'SAOUBI R, AXINTE D, SOO S L, et al. High performance cutting of advanced aerospace alloys and composite materials［J］. CIRP Annals - Manufacturing Technology，2015，64(2)：557-580.

[5] CUI D, ZHANG D H, WU B H, et al. An investigation of tool temperature in end milling considering the flank wear effect［J］. International

Journal of Mechanical Sciences，2017，131-132：613-624.

[6] HOU Y F，ZHANG D H，WU B H，et al. Milling force modeling of worn tool and tool flank wear recognition in end milling[J]. IEEE/ASME Transactions on Mechatronics，2015，20(3)：1024-1035.

[7] ZHOU X，ZHANG D H，LUO M，et al. Toolpath dependent chatter suppression in multi-axis milling of hollow fan blades with ball-end cutter [J]. The International Journal of Advanced Manufacturing Technology，2014，72(5-8)：643-651.

[8] WANG J R，LUO M，XU K，et al. Generation of tool-life-prolonging and chatter-free efficient toolpath for five-axis milling of freeform surfaces[J]. Journal of Manufacturing Science and Engineering，2019，141(3)：1-15.

[9] LUO M，LUO H，ZHANG D H，et al. Improving tool life in multi-axis milling of Ni-based superalloy with ball-end cutter based on the active cutting edge shift strategy[J]. Journal of Materials Processing Technology，2018，252：105-115.

[10] LUO M，LUO H，AXINTE D，et al. A wireless instrumented milling cutter system with embedded PVDF sensors[J]. Mechanical Systems and Signal Processing，2018，110：556-568.

第 2 章
时变加工过程的多态演化工艺模型

对于加工工艺系统的描述,现有的商业软件如 Vericut 等在定义加工工艺系统时,将完整的机床结构、工装夹具、数控系统以及相互之间的关系等都进行了描述,VNCK 等软件则更侧重数控系统本身模型的建立。面向智能加工的工艺系统描述包含两大组成部分,即设备、硬件组成及相互之间的交互作用与数据,也可以描述为物理部分和数字部分。在航空复杂构件的加工中,零件较薄,加工中易变形,在本书研究的工艺系统构建中,主要考虑包含薄壁工件的工艺系统,并重点考虑其中的刀具-主轴子系统和工件-夹具子系统,以及铣削过程中刀具和工件之间的交互作用、状态转移等。

2.1 加工工艺系统的描述

如图 2.1 所示,加工工艺系统从里到外可以分为三个层次。最里面的一层为刀具-工件交互作用层面,刀具切削工件形成切屑,执行最基础的切削操作。中间层面为子系统层面,主要包括刀具-主轴子系统、工件-夹具子系统。最外面的层面为工艺系统层面,包含工艺设备及其在加工过程中的系统响应[1]。

图 2.1 工艺系统组成

加工过程中,在周期性交变切削力的作用下会出现显著的让刀变形与切削振动,引起加工工艺系统失稳,造成较大加工误差、较低表面质量,这种现象在薄壁零件的加工中尤为显著。加工过程中,刀具-主轴子系统、工件-夹具子系统两个子系统在切削界面上相互作用,激励起系统的动态响应[2]。

以铣削加工过程为例,加工工艺系统的动力学基本方程为

$$M\ddot{X} + C\dot{X} + KX = F(t) \tag{2.1}$$

铣削加工工艺系统动力学建模的主要任务是对式(2.1)中的铣削力 $F(t)$ 以及模态质量 M、模态阻尼 C、模态刚度 K 等参数进行建模。其中,铣削力建模部分需要建立铣削加工中铣削力的表达方式,并根据模型进行铣削力系数的测定;模态参数的建模主要通过实验模态分析的方法确定。在建立工艺系统动力学模型的基础上,可进行工艺系统动态响应以及稳定性预测,如图 2.2 所示。

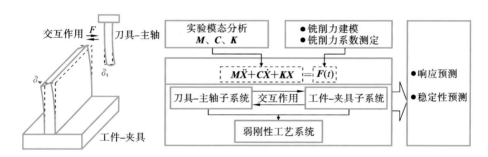

图 2.2 薄壁零件铣削加工工艺系统动力学建模及分析流程

在加工过程中,刀具与工件的状态都在不断变化。刀具状态的变化主要是加工过程中磨损量的变化,主要采用沿轴向离散形成微元切片的方式进行分析。加工过程中工件状态的变化主要体现在加工余量沿加工工序和轨迹的变化上,以及由此引起的工件动力学属性变化,这也同时反映了切削过程的时空变化效应[1]。

2.1.1 刀具-主轴子系统动力学模型

工艺系统的组成部分中,刀具-主轴的组成部分相对独立与固定。当不考虑沿刀具轴向的振动且忽略机床本体的其他影响时,刀具-主轴形成的子系统可以简化为多自由度(DOF)的质量-弹簧-阻尼系统,对应的动力学方程为

$$M_T\ddot{X} + C_T\dot{X} + K_TX = F_T(t) \tag{2.2}$$

式中：M_T、C_T 和 K_T 分别为刀具-主轴子系统的质量矩阵、阻尼矩阵和刚度矩阵。加工过程中不考虑刀具磨损以及机床运动时，其状态不发生变化，刀具-主轴子系统可以看作线性定常系统。

如图 2.3 所示，对于多轴数控机床，当刀具姿态及位置发生变化时，机床系统的模态参数也会随之发生变化。此时，可建立机床系统中刀尖对应的全模态场以描述机床不同姿态时的刀尖模态：

$$\begin{cases} M_T = M(x, y, z, \alpha, \beta) \\ C_T = C(x, y, z, \alpha, \beta) \\ K_T = K(x, y, z, \alpha, \beta) \end{cases} \tag{2.3}$$

式中：x, y, z 为机床平动坐标；α, β 对应机床的两个转动坐标。当加工轨迹确定后，根据机床的全模态场，机床的运动坐标可以表示为刀轨弧长参数 s 的函数，如 $x = x(s)$。需要注意的是，在实际加工中，转动轴角度方位的变化并非一定会对机床动力学特性产生显著影响，通常只需要记录影响最为显著的运动坐标即可。多轴机床的动态特性数据可以存储在 C 空间[3,4]中。

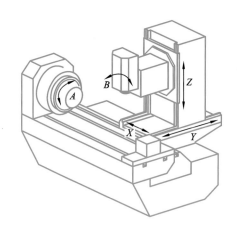

图 2.3　五轴数控机床

2.1.2　工件-夹具子系统动力学模型

在由薄壁零件组成的弱刚性工艺系统中，工件的弱刚性占据主导地位，对交互作用下工艺系统响应的影响显著。单独考虑工件的振动时，在时刻 t，将其简化为二自由度的质量-弹簧-阻尼系统，可得其动力学方程：

$$M_W(t)\ddot{X} + C_W(t)\dot{X} + K_W(t)X = F_W \tag{2.4}$$

加工过程中,工件的物理参数包括模态质量、模态刚度等都随着毛坯材料的去除及加工位置的改变而发生变化。因此,上述模型中的时变动力学参数反映了薄壁零件加工过程的时变特点。其中,模型中的时变参数可通过对采样切削位置参数数据进行多项式拟合表达,同时可以通过 4.2 节中的时空映射方法存储在工件的三维体元中。此外,由于工件自身较薄,在分析过程中一般与夹具一起组成工件-夹具子系统进行分析与控制。

2.2 加工过程的多态演化模型

2.2.1 加工过程的定义

加工时,随着工件材料的切除与加工位置的不断变化,工艺系统状态不断发生变化,这一不断变化的过程称为加工过程。为便于分析,实际的连续加工过程可以离散为若干有序的时刻,每个时刻都有其对应的工艺系统状态,这些离散时空状态的集合即定义为多态[5]。

针对薄壁零件的加工过程,工艺系统的动力学特性变化,分别对应工件-夹具子系统和刀具-主轴子系统的动态特性变化。工件-夹具子系统方面,薄壁零件在加工过程中随着工件材料的切除,其动力学特性不断变化,导致弱刚性工艺系统不断变化,增加了薄壁零件加工过程控制的难度。目前对工件状态的描述方法主要有两种,即工件的设计模型和加工前的毛坯模型,而对加工过程中工件状态的描述方法并不完善。因此,采用合适的模型对薄壁零件的加工过程和加工中工件的不同状态进行描述显得尤为重要。刀具-主轴子系统方面,切削过程中随着刀具的不断磨损,刀具后刀面与工件已加工表面的摩擦状态发生了改变,导致铣削力的组成部分不断变化,改变了弱刚性工艺系统对交互作用的响应。加工过程的多态演化模型是加工过程的时域离散表示,包括多态模型和演化模型。

多态模型是离散时间序列上的加工过程状态集合,演化模型则用于实现多态模型中相邻状态之间转移过程的描述。通过建立多态演化模型,可以对加工过程以及工件和刀具的变化进行描述。此外,通过时域离散,可将非线性时变过程转化为局部的线性定常问题进行建模和求解。

2.2.2 加工过程的时域离散

加工过程中,工件上刀具的切削位置不断变化,可以根据刀具的切削位置、

工件材料的切除状态、工件的工序阶段等不同层面对加工过程按照时间序列进行离散[2]。以航空发动机机匣零件为例,设其在时域$[0,T]$内的加工过程状态为$\{S_t=S(t)|0<t<T,S_0=S(0)\}$,则其时域离散方法如图 2.4 所示。

（1）从机匣毛坯到成品的加工过程可划分为粗加工、半精加工、精加工和抛光等工序。因此,多态工序模型可定义为各工序开始时刻$\{t_k|t_k<t_{k+1}(k=0,1,\cdots,n-1)\}$的状态集合$\{S_k=S(t_k)\}$。

（2）每个工序又可在时域$[t_k,t_{k+1}]$内离散为时间序列$\{t_{k,j}|t_{k,j}<t_{k,j+1}(j=0,1,\cdots,m-1)\}$上的工步状态集合$\{S_{k,j}\}$,以及相邻工步状态($S_{k,j}$和$S_{k,j+1}$)之间的转移子过程集合$\{M_{k,j}\}$。

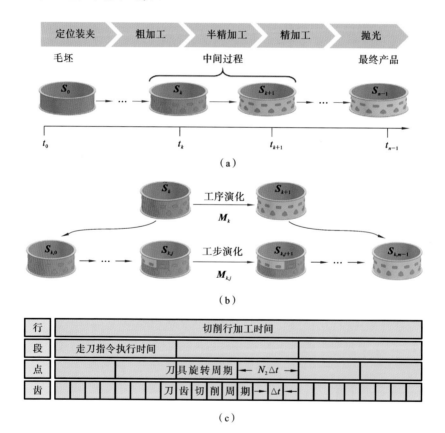

图 2.4 加工过程的时域离散方法

（a）基于工序划分的加工过程离散 （b）基于工步划分的加工工序离散

（c）基于轨迹划分的加工工步离散

（3）相邻工步状态之间的转移子过程由加工轨迹和切削参数定义，并通过相邻工步间余量切除过程实现。其中，加工轨迹由若干个切削行连接组成。通过分层次时域离散，可将切削行细分为切削段、刀位点，直到刀齿切削过程。而刀齿切削周期内的切削过程建模和求解，可利用现有切削几何、力学和物理模型及其时域离散算法实现。

2.2.3　多态模型的演化

在智能编程系统中，各工序间准确工序模型的建立是实现智能加工技术的关键，国内外学者对工序模型的建立方法进行了大量的研究。但是，目前大多数工序模型建立方法都很难准确、快速地获取从毛坯到成品的加工过程中多个状态的工序模型，即多态工序模型，从而无法满足智能加工高效率的加工要求。

工件的待加工面可以用二维平面上的 (u,v) 参数进行表达，其中 $0 \leqslant u$，$v \leqslant 1$。当存在法向加工余量时，可加入 w 变量表示沿曲面法向的位置，从而形成加工余量的三维网格表达 (u,v,w)。待去除余量中的任何材料都对应着三维网格中的唯一位置 (u_i,v_j,w_k)。若以某一尺度对三维网格进行分割，则每一个分割的三维网格便形成一个体积元。当在加工中深度方向材料完全切除时，可以不考虑 w 坐标，此时体积元变成深度元[1]。体积元与深度元并不需要严格对应模型的几何形状，只用于描述确定位置处的材料去除，如图 2.5 和图 2.6 所示。

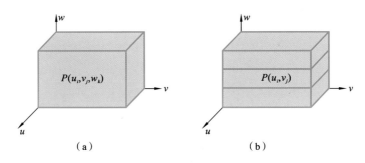

图 2.5　材料体积元与深度元

（a）体积元　（b）深度元

针对上述每个体积元，定义对应的信息模型，信息模型由附加在体积元上的信息单元和数据知识仓库组成。每个信息单元通过体积元位置编码与数据知识仓库关联，实现与体积元位置相关的工艺知识表示、存储和处理。数据知

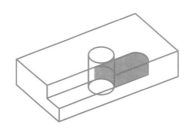

图 2.6　体积元的其他表达方式

识仓库用于记录现场数据和与体积元位置相关的工艺知识。现场数据包括体积元位置、加工过程信号及其时空映射关系；与体积元位置相关的工艺知识包括现有工艺知识和由现场数据挖掘处理得到的知识，如局部观测模型 $Y=AX+BU$ 中的输入向量 U、状态向量 X、输出向量 Y、模型参数 A 和 B 的辨识结果，以及局部模态刚度、模态频率等动态响应特性参数。状态模型 S_k 的表示方法如图 2.7 所示。

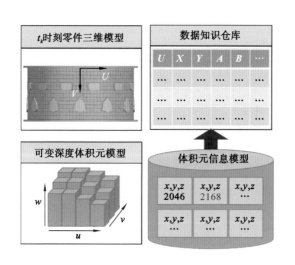

图 2.7　状态模型 S_k 的表示方法

　　加工过程中，加工位置及加工状态不断发生变化，每个位置处存储的状态模型信息也在不断变化。下面以工序模型为例说明加工过程中的多态演化。工序模型是指在加工过程中与特定加工工序相关的零件几何、加工余量、加工刀具、切削参数、刀具轨迹，以及工艺知识等的模型，它与零件材料切除过程中的几何形状和工艺要求相关。工序模型具有多态性,是指可将从毛坯到成品的加工过程按工步划分为多个状态。多态工序模型可定义为各个状态工序模型的集合,可以表示为

$$S = \{ S_k \mid k = 0,1,2,\cdots,n \} \qquad (2.5)$$

式中:S 是多态工序模型集合;S_k 是第 k 个状态的工序模型;n 是工步数目。

多态工序模型中由 S_k 到 S_{k+1} 的变化过程称为多态工序模型演化,多态工序模型演化可以表示为

$$M_k = \{ M_{k,j} \mid j = 1,2,3,\cdots,m \} \qquad (2.6)$$

多态工序模型演化如图 2.8 所示,$S_0 \rightarrow S_1 \rightarrow \cdots \rightarrow S_k \rightarrow S_{k+1} \rightarrow \cdots \rightarrow S_n$ 表示加工过程中多个状态的工序模型序列。M_k 表示由工序模型 S_k 到 S_{k+1} 的演化模型,M_k 有许多演化实现途径,存在如何定义和优化各个演化实现途径的问题。

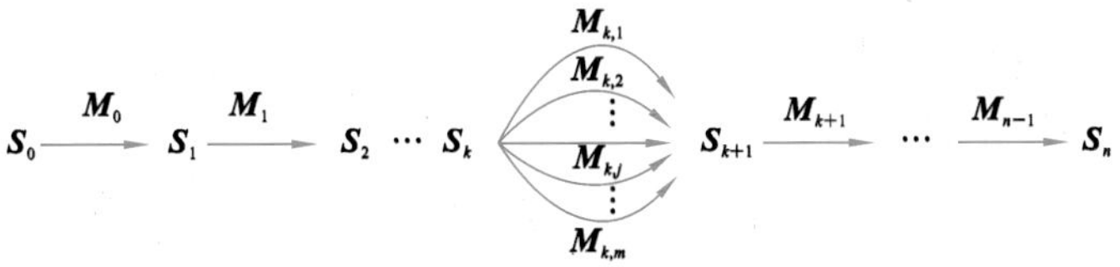

图 2.8 多态工序模型演化

在切削过程中,工序模型演化的实现方式是工序间余量的切除,其中涉及余量分布、刀具序列选择与余量切除的顺序等问题。

2.3 工件几何演化模型

复杂零件的加工过程通常分为若干加工工序,每道工序去除一定的材料,工件的形状也因此不断发生变化。为更加准确地分析零件的加工过程,有必要建立工件几何演化模型。工件几何演化模型描述了在粗加工、半精加工和精加工过程中工件从毛坯到最终零件的形状的变化过程,该模型的建立有助于控制工序间工件余量的分布,并为多工序复杂零件数控加工程序的编制提供模型支持。

2.3.1 变形映射方法

变形映射是指从一个物体(源物体)到另一个物体(目标物体)的连续、光滑、自然的过渡。这里的物体可以是数字图像、多边形、多面体网格等,也可以

是变形几何造型的一种特殊方法[6]。本书将利用变形映射技术进行工序演化模型的建立与表达。

2.3.1.1　源物体与目标物体的表征方法

在变形映射技术中,源物体与目标物体的形状在变形过程中直接控制着中间变形曲面的形状。因此,源物体与目标物体的表征至关重要。若将变形映射技术应用到过渡曲面族的建立中,则源物体与目标物体有两种表征方法。

第一种表征方法是将源物体用加工前的过渡毛坯表示,目标物体用最终的成品形状表示。当被加工零件和毛坯确定时,其源物体和目标物体的边界曲面即被确定。图2.9(a)所示为叶轮流道在第一种表征方法下源物体与目标物体的示意图。

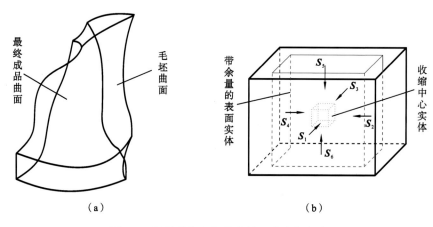

图 2.9　源物体与目标物体的两种表征方法

（a）第一种　（b）第二种

第二种表征方法是将源物体用准确曲面边界实体表示,目标物体用自定义的收缩中心实体表示。准确曲面边界实体是指在被切削几何体内部派生出的简化的曲面边界实体或者具有非均匀余量的半精加工表面实体,这样非均匀余量分布就可以单独设计,使得变形过程不受精加工余量分布要求的约束。若在粗加工、半精加工余量范围内对源物体所定义的边界曲面进行连续简化,则可在源物体内定义一个形状简单的收缩中心实体,作为源物体向内收缩变形的目标物体。通过设计目标物体的实体形状和收缩中心位置,可实现对变形过渡的控制。图2.9(b)所示为腔槽零件在第二种表征方法下源物体与目标物体的示意图。

2.3.1.2　三维实体的参数化方法

在数控加工中,变形映射技术是通过对由源物体与目标物体的布尔差所确定的被切削几何体进行三维实体参数化来实现的。为了在被切削体内部生成光滑变化的中间变形曲面,需要对被切削体内部的每一个点的坐标进行描述。空间几何体的坐标描述可以通过一个用三元参数定义的单位体与任意形状的空间几何体的坐标变换获得,这个变换过程称为三维实体内部参数化。

任意形状的三维实体被参数化后,它的内部点可以用一组三元参数来表示,而且中间变形曲面可以通过固定某个方向上的参数为常值来获得,这种变换需要通过网格生成来实现。网格生成是一个确定均匀正交的计算域(u, v, w)与非均匀不正交的物理域(x, y, z)之间映射的坐标变换过程,如图 2.10 所示,其中 F 是映射变换函数。

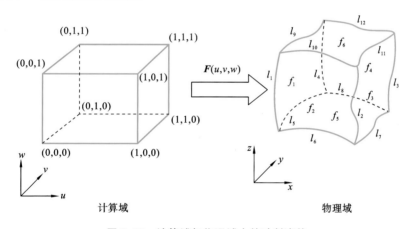

图 2.10　计算域与物理域中的映射变换

一般情况下网格生成包含两个基本步骤:第一是确定边界上离散点的分布;第二是确定边界内部点的分布[7]。类似地,三维实体内部参数化需要三个基本步骤:第一是确定被切削几何体及六个边界曲面;第二是参数化被切削几何体的六个边界曲面,确定边界曲面上的离散点;第三是确定被切削几何体内部的空间点。

三维实体参数化方法主要有两种:一种是超限插值(TFI)法,主要应用参数化和插值的方法,利用线性和非线性的、一维或多维的插值公式来生成网格;另一种是偏微分方程(PDE)法,主要用于空间曲面网格的生成,通过求解计算域与物理域之间的一组偏微分方程,将计算域的网格转化到物理域。

1. 超限插值法

超限插值由 William Gordon[8] 在 1973 年提出,在 20 世纪 80 年代初,Eriksson 将超限插值应用到流体动力学中生成网格[9],后又在此基础上进行了改进,发展了多种不同形式的超限插值方法。目前,超限插值仍然是一种广泛被采用的代数网格生成方法,它通过插值处理获得符合指定边界的网格,且网格间距能够被直接控制。

超限插值的网格生成方法是通过确定一个适当的映射,将计算域中均匀分布且正交的计算点 (u,v,w) 通过映射变换函数映射到物理空间中不均匀分布且非正交的物理点 (x,y,z) 上,映射变换过程如图 2.11 所示,映射变换函数可表示为

$$\boldsymbol{F}(u,v,w)=\begin{bmatrix} x(u,v,w) \\ y(u,v,w) \\ z(u,v,w) \end{bmatrix},u,v,w\in\begin{bmatrix} 0,1 \end{bmatrix} \tag{2.7}$$

$\boldsymbol{F}$ 是一个向量值函数,$\boldsymbol{F}(u_i,v_j,w_k)$ 表示任意一个结构化网格,其中,

$$\begin{cases} 0\leqslant u_i<\dfrac{i-1}{I-1}\leqslant 1 \\[2mm] 0\leqslant v_j<\dfrac{j-1}{J-1}\leqslant 1 \\[2mm] 0\leqslant w_k<\dfrac{k-1}{K-1}\leqslant 1 \end{cases} \tag{2.8}$$

式中:$i=1,2,3,\cdots,I$;$j=1,2,3,\cdots,J$;$k=1,2,3,\cdots,K$;I,J,K 为网格数量。

在三维实体参数化实现过程中,首先将计算域和物理域中边界曲面进行离

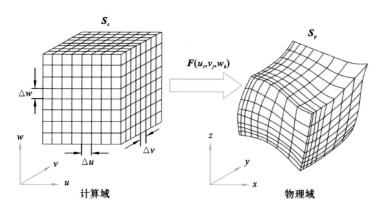

图 2.11　计算域与物理域中的网格点

散化处理，并使各对应边界曲面具有相同数目的离散网格点，如图 2.11 所示。然后，计算域中均匀离散的网格点 (u_i, v_j, w_k) 通过映射变换函数 $\boldsymbol{F}(u, v, w)$ 变换为物理域中真实存在的网格点 (x_i, y_j, z_k)，每个相邻网格点之间的映射关系是不变的，都可以通过映射变换函数计算得到。

2. 偏微分方程法

偏微分方程法主要有椭圆形方程法、双曲形方程法和抛物形方程法。由于椭圆形方程法能更好地适用于指定物理边界的封闭区域几何实体的网格生成，因此能够很好地应用于三维几何实体内部网格的生成。

在偏微分方程网格生成中，假设物理域中三维实体内部的网格分布是被计算域坐标与物理域坐标之间的一组偏微分方程所确定的，而且满足对边界网格分布的要求，可通过求解这组方程将计算域中的网格转化到物理域[10]。因此，对三维几何实体内部的网格生成来说，其核心问题是：找出计算域中的一点 (u, v, w) 与物理域中一点 (x, y, z) 之间的对应关系，如图 2.12 所示。图中，f 是边界曲面，l 是边界曲线。

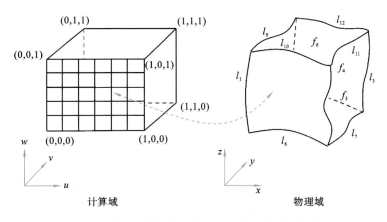

图 2.12 椭圆形偏微分方程生成网格的问题表述图示

如果把 (x, y, z) 及 (u, v, w) 都看成各自独立的变量，则上述问题的表述就是规定了一个边值问题，即已知边界上变量 (x, y, z) 与变量 (u, v, w) 之间的对应关系（相当于第一类边界条件，第一类边界是给定边界上待求变量的分布），需要求在计算域内部它们之间的关系。

从物理域上来看，把 u, v, w 看成物理域上被求解的因变量，这就构成了物理域上的一个边值问题：即已知物理域上与边界点 (x_B, y_B, z_B) 对应的 (u_B, v_B, w_B)，需要求出与物理域内部一点 (x, y, z) 对应的 (u, v, w)。这种对应关系在数学上可以用以 x,y,z 为自变量，u,v,w 为因变量的偏微分方程来描述。

从计算域上来看，把 x,y,z 看成计算域上被求解的因变量，这就构成了计算域上的边值问题：在计算域的矩形边界上规定 $x(u,v,w)$、$y(u,v,w)$、$z(u,v,w)$ 的取值方法，然后通过求解偏微分方程来确定计算域内部各点在物理域对应的 (x,y,z) 值，即找出与计算平面求解区域内各点对应的物理平面上的坐标。实际上，采用椭圆形偏微分方程时，网格的生成是通过求解计算域上的边值问题来完成的。为此，需要把物理域上以 x,y,z 为自变量的偏微分方程转换为计算域上以 u,v,w 为自变量的偏微分方程。

偏微分方程的常用求解步骤如下：

（1）计算控制方程。

（2）计算物理空间内部的初始网格。初始网格可以采用由超限插值方法获得的网格点作为初始值，对初始网格的质量没有特殊要求。初始网格点被当作迭代算法的第一个解，最终网格质量与初始网格无关。

（3）通过数值法或者迭代法求解偏微分方程系统。

由于偏微分方程法在处理复杂几何外形时能够生成光滑的、分布均匀的网格曲面，因此在实际应用中常将偏微分方程法作为一种内部网格优化方法。

2.3.1.3　边界收缩的内部网格调整方法

在变形映射方法中，可通过定义三对相对的边界曲面，利用映射函数生成空间网格点，进而构造中间变形曲面。如果边界曲面有所改动，可以通过调整算法将已有的网格点约束在新的边界曲面内部。将这种边界改动后的网格点调整算法定义为边界收缩的内部网格调整方法，下面详细阐述该算法的计算过程。

首先将计算域中参数变量 u_i,v_j,w_k 用 i,j,k 代替，设物理域中任意一个网格点为 $\hat{F}(i,j,k)$，边界曲面上的网格点可以表示为 $F(1,j,k)$，$F(I,j,k)$，$F(i,1,k)$，$F(i,J,k)$，$F(i,j,1)$ 和 $F(i,j,K)$，那么，调整后的网格 $F'(i,j,k)$ 可以表示为

$$
\begin{cases}
F_1(i,j,k) = F(i,j,k) + \alpha_1^0(u)\left[F(1,j,k) - \hat{F}(1,j,k)\right] \\
\qquad + \alpha_2^0(u)\left[F(I,j,k) - \hat{F}(I,j,k)\right] \\
F_2(i,j,k) = F_1(i,j,k) + \beta_1^0(v)\left[F(i,1,k) - F_1(i,1,k)\right] \\
\qquad + \beta_2^0(v)\left[F(i,J,k) - F_1(i,J,k)\right] \\
F'(i,j,k) = F_2(i,j,k) + \gamma_1^0(w)\left[F(i,j,1) - F_2(i,j,1)\right] \\
\qquad + \gamma_2^0(w)\left[F(i,j,K) - F_2(i,j,K)\right]
\end{cases}
\tag{2.9}
$$

式中：

$$\begin{cases} \alpha_1^0(u)=1-\xi_1(u) & \beta_1^0(v)=1-\eta_1(v) & \gamma_1^0(w)=1-\zeta_1(w) \\ \alpha_2^0(u)=\xi_2(u) & \beta_2^0(v)=\eta_2(v) & \gamma_2^0(w)=\zeta_2(w) \end{cases} \tag{2.10}$$

$$\begin{cases} \xi_1(u)=\dfrac{e^{C_1 u}-1}{e^{C_1}-1} & \eta_1(v)=\dfrac{e^{C_3 v}-1}{e^{C_3}-1} & \zeta_1(w)=\dfrac{e^{C_5 w}-1}{e^{C_5}-1} \\ \xi_2(u)=\dfrac{e^{C_2 u}-1}{e^{C_2}-1} & \eta_2(v)=\dfrac{e^{C_4 v}-1}{e^{C_4}-1} & \zeta_2(w)=\dfrac{e^{C_6 w}-1}{e^{C_6}-1} \end{cases} \tag{2.11}$$

C_1、C_2、C_3、C_4、C_5、C_6 为六个边界曲面的移动距离对初始网格点的影响参数，该影响参数一般取常数。

在数控加工工序模型构造过程中，一般在沿切削深度的 w 方向上采用变形映射方法构造中间变形曲面作为工序曲面。但是，在实际加工过程中由于几何约束情况会随着切削深度的改变而变化，因此深度方向上工序曲面对应的加工刀具尺寸也会有所变化，需要修改工序曲面的边界来满足实际加工的需求。由此可知，边界曲面的移动距离与深度方向上工序曲面对应的加工刀具的尺寸有关，C_1、C_2、C_3、C_4、C_5、C_6 可以根据移动距离来设定。

由前文的描述可知，确定边界曲面的离散点是变形映射方法的关键步骤。目前常通过将边界曲面重新进行参数化来获得离散点，这是由于边界曲面原始参数网格与实体网格不匹配，必须按三维实体的网格划分对边界曲面重新进行参数化。然而，大多数具有复杂加工特征的航空零件，如机匣、叶轮等，其被切削几何体的边界特征通常包含一些几何约束复杂的曲面或者不规则的组合曲面，很难进行参数化。此外，在工程应用中通常需要将零件的 CAD 模型转化成参数化定义的曲面，比如 NURBS 曲面。因此，如何获得 CAD 模型中复杂边界曲面的离散点就成为变形映射方法亟待解决的问题。对于复杂特征的边界定义，一般将复杂边界的约束进行简化和分解处理，以降低曲面离散化处理的难度，然后再对简化后的边界曲面进行离散化处理，以获得 CAD 模型中复杂边界曲面的有序离散点，从而为后续算法提供数据支持。

2.3.2 复杂加工特征的变形映射建模方法

在变形映射建模过程中，通过内部网格的生成与优化能够实现被切削几何体的参数化，进而获得被加工零件的多态工序模型。

2.3.2.1 变形映射建模方法的计算流程

复杂加工特征变形映射建模的流程如图 2.13 所示。首先对包含复杂加工特征工件的几何特征进行分析，确定其区域划分方法、边界简化方法及曲

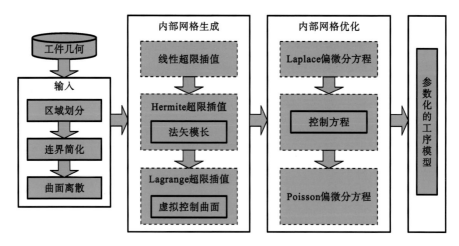

图 2.13　变形映射建模流程

面离散方法,将计算结果作为变形映射方法的输入,然后在线性超限插值的基础上,采用埃尔米特(Hermite)超限插值和拉格朗日(Lagrange)超限插值来生成被切削几何体的内部网格。埃尔米特超限插值可以通过控制法矢模长来控制网格生成结果,拉格朗日超限插值可以通过引入虚拟控制曲面来控制网格生成结果。当根据超限插值结果仍然不能获得满足要求的网格曲面时,将超限插值结果作为偏微分方程法的初值,采用偏微分方程法对内部网格的分布进行优化。常用的偏微分方程有两种:拉普拉斯(Laplace)偏微分方程和泊松(Poisson)偏微分方程。拉普拉斯偏微分方程能够获得曲率光顺的网格曲面,但是缺乏对网格的筛选,泊松偏微分方程可以通过设计控制方程对内部网格进行控制。最后,通过固定某个方向的参数为常值即可获得参数化的中间变形曲面。

内部网格分布决定工序曲面的几何形状及曲面上余量的分布情况,然而,工序曲面的几何形状和余量分布与切削过程中的加工工艺要求密切相关。因此,在变形映射建模过程中,被切削几何体内部网格的分布必须满足一定的加工工艺要求。

2.3.2.2　基于超限插值的内部网格生成方法

由于任何一种单变量插值方法都能够应用到单个坐标方向上进行插值计算,因此不同的单变量插值方法或者多个单变量插值方法相结合,会产生无数多个不同形式的超限插值方法。通常,高阶的或者复杂的单变量插值方法会被用于沿切削方向网格的生成,对应的坐标方向称为主方向,而低阶的线性插值方法会被用到其余两个坐标方向。

1. 线性超限插值方法

当超限插值的基函数是线性插值基函数时,该超限插值方法被称为线性超限插值方法。线性超限插值方法是一种最简单的网格生成方法。如图 2.14 所示,假设计算域、物理域的坐标轴以及物理域中被切削体六个表面上几何信息的空间位置被确定,则线性插值基函数为

$$\begin{cases} \alpha_1^0(u)=1-u & \beta_1^0(v)=1-v & \gamma_1^0(w)=1-w \\ \alpha_2^0(u)=u & \beta_2^0(v)=v & \gamma_2^0(w)=w \end{cases} \tag{2.12}$$

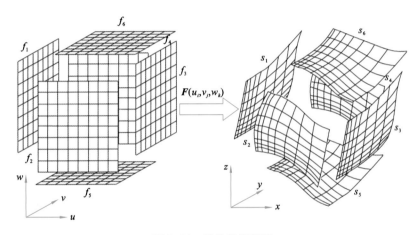

图 2.14　线性超限插值

在计算域的每个坐标方向上构建单变量线性插值方程,表达式为

$$\begin{cases} F_u(u,v,w)=(1-u)F(0,v,w)+uF(1,v,w) \\ F_v(u,v,w)=(1-v)F(u,0,w)+vF(u,1,w) \\ F_w(u,v,w)=(1-w)F(u,v,0)+wF(u,v,1) \end{cases} \tag{2.13}$$

线性超限插值方法鲁棒性好,速度快,易于计算,但是线性超限插值方法不允许对中间变形曲面进行较多的控制,仅可以设置中间变形曲面的数目,因而目前只适合于沿型腔深度方向形状变化不大的浅型腔。

2. 埃尔米特超限插值方法

埃尔米特超限插值方法结合了函数的导数值,使得插值的精度更高。若将三次埃尔米特多项式插值的基函数作为超限插值方法的基函数,则该超限插值称为三次埃尔米特超限插值。物理域中 x、y、z 坐标对应计算域中 u、v、w 坐

标,曲面 s_1、s_2、s_3、s_4、s_5、s_6 对应平面 f_1、f_2、f_3、f_4、f_5、f_6。在超限插值方法中,若已知物理域某个坐标方向上两个对应插值曲面上型值点的法矢信息,则可以在该坐标方向上采用三次埃尔米特超限插值方法。若 z 是坐标方向,那么 z 方向的单变量三次埃尔米特插值($N=2$,$R=1$)函数为

$$F_w(u,v,w)=\sum_{k=1}^{2}\sum_{l=0}^{1}\gamma_k^l(w)\frac{\partial^l F(u,v,w_k)}{\partial w^l}$$

$$=\gamma_1^0(w)(u,v,w_1)+\gamma_1^1(w)\frac{\partial F(u,v,w_1)}{\partial w}+\gamma_2^0(w)(u,v,w_2)$$

$$+\gamma_2^1(w)\frac{\partial F(u,v,w_2)}{\partial w}$$

式中:$\gamma_1^0(w)$、$\gamma_1^1(w)$、$\gamma_2^0(w)$ 和 $\gamma_2^1(w)$ 为插值基函数,其表达式为

$$\begin{cases}\gamma_1^0(w)=\left(1+2\,\dfrac{w-w_1}{w_2-w_1}\right)\left(\dfrac{w-w_2}{w_1-w_2}\right)^2\\[3mm]\gamma_2^0(w)=\left(1+2\,\dfrac{w-w_2}{w_1-w_2}\right)\left(\dfrac{w-w_1}{w_2-w_1}\right)^2\\[3mm]\gamma_1^1(w)=(w-w_1)\left(\dfrac{w-w_2}{w_1-w_2}\right)^2\\[3mm]\gamma_2^1(w)=(w-w_2)\left(\dfrac{w-w_1}{w_2-w_1}\right)^2\end{cases}\qquad(2.14)$$

式中:w_1、w_2 为 z 方向上两个对应曲面 $F(u,v,w_1)$、$F(u,v,w_2)$ 的参数值。

曲面 $F(u,v,w_1)$、$F(u,v,w_2)$ 对应曲面 s_5、s_6。$F(u,v,w_1)$、$F(u,v,w_2)$ 在 w 方向的偏导数方向可以由曲面上对应点在 u 方向和 v 方向切矢的叉乘来确定。w 方向的偏导数方向将垂直于曲面 $F(u,v,w_1)$、$F(u,v,w_2)$。那么,w 方向上的偏导数为

$$\begin{cases}\dfrac{\partial F(u,v,w_1)}{\partial w}=\left[\dfrac{\partial F(u,v,w_1)}{\partial u}\times\dfrac{\partial F(u,v,w_1)}{\partial v}\right]\psi_{w_1}(u,v)\\[3mm]\dfrac{\partial F(u,v,w_2)}{\partial w}=\left[\dfrac{\partial F(u,v,w_2)}{\partial u}\times\dfrac{\partial F(u,v,w_2)}{\partial v}\right]\psi_{w_2}(u,v)\end{cases}\qquad(2.15)$$

式中:$\dfrac{\partial F(u,v,w_1)}{\partial u}\times\dfrac{\partial F(u,v,w_1)}{\partial v}$ 为曲面 $F(u,v,w_1)$ 在 w 方向上偏导数的方向;$\dfrac{\partial F(u,v,w_2)}{\partial u}\times\dfrac{\partial F(u,v,w_2)}{\partial v}$ 为曲面 $F(u,v,w_2)$ 在 w 方向上偏导数的方向;$\psi_{w_1}(u,v)$ 和 $\psi_{w_2}(u,v)$ 分别表示曲面 $F(u,v,w_1)$ 和 $F(u,v,w_2)$ 在 w 方向上偏导数的模长,下标 w_1、w_2 是曲面 $F(u,v,w_1)$ 和 $F(u,v,w_2)$ 在深度方向上对应的参数值。

埃尔米特超限插值方法中,插值曲面的偏导数(法矢)给中间变形曲面提供了额外的控制因素。当法矢方向确定时,法矢的模长将成为控制中间变形曲面形状和插值精度的重要参数。若将法矢的模长定义为常量或者与曲面信息有关的标量函数,则该标量函数就是埃尔米特超限插值建模方法的模型参数。相比线性超限插值方法,埃尔米特插值方法具有更大的灵活性,能够控制中间变形曲面的形状。对于复杂曲面型腔或者深型腔,埃尔米特超限插值方法更适用。

3. 拉格朗日超限插值方法

拉格朗日超限插值方法是一种多项式插值方法,可以根据给定的数据点来逼近复杂的曲线。若将拉格朗日多项式插值的基函数作为超限插值方法的基函数,就使得变形映射建模过程引入了额外的虚拟控制面,可对工序模型的形状变化进行控制,这样的超限插值方法称为拉格朗日超限插值方法。

如图 2.15 所示,物理域中 x、y、z 坐标对应计算域中 u、v、w 坐标,曲面 s_1、s_2、s_3、s_4、s_5 和 s_6 对应参数面 f_1、f_2、f_3、f_4、f_5 和 f_6。在超限插值方法中,若已知计算域与物理域内部 k 个对应曲面的位置信息(除空间几何体六个外表面),可以采用 $m+1$ 次拉格朗日超限插值方法来生成中间变形曲面,m 为虚拟控制面数量,图 2.15 所示为 $m=2$ 的情况。由此可知,拉格朗日超限插值方法可以给变形映射建模过程引入多个额外的虚拟控制面约束。这些虚拟控制面被定义为拉格朗日超限插值方法中的模型参数,通过虚拟控制面分布位置和几何形状的设置来完成模型参数的设计。虚拟控制面可以在被切削几何体内部、外部或者内外部同时分布,具体情况需根据零件的几何特征而定,其中虚拟控制面的数目与零件的加工特征数目相同。

2.3.2.3 建模实例

本节以叶轮加工为例,说明建模方法在工件几何状态建模中的应用。对叶轮来说,70%~90%的余量要在叶轮流道粗加工过程中去除,因而叶轮流道加工工序模型的计算相当重要。如图 2.16(a)所示,叶轮模型具有 11 个等长叶片,叶轮高度为 25 mm,内径为 88.75 mm,外径为 222.855 mm,叶片型面为空间扭曲自由曲面且最高高度为 39.35 mm。叶轮毛坯是由圆柱体经过车铣加工的回转件,如图 2.16(b)所示。用叶轮流道相邻两个叶片和轮毂面去裁剪毛坯可以获得流道的被切削几何体,如图 2.16(c)所示。

图 2.16(c)中,流道被切削几何体由六个可直接参数化的边界曲面组成,将理论面和毛坯面离散成 51×51 个网格点,其余边界曲面离散成 51×11 个网格点。采用线性超限插值方法将被切削几何体参数化后,其内部将产生 9 个中间变

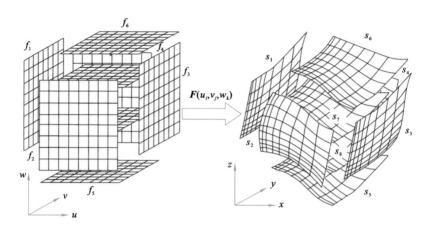

图 2.15　拉格朗日超限插值

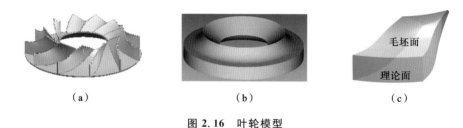

图 2.16　叶轮模型

（a）叶轮　（b）叶轮毛坯　（c）被切削几何体

形曲面。这些变形曲面就是由毛坯曲面逐步过渡到理论曲面的曲面模型,其几何形状与理论曲面相似,如图 2.17 所示。由图 2.17 可知,线性超限插值获得的中间变形曲面的空间分布状态比较均匀,曲率变化平缓,适合作为工序曲面。

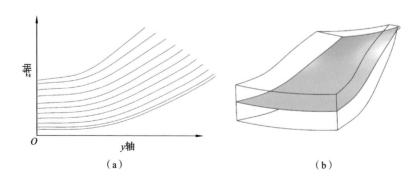

图 2.17　叶轮流道工序模型

（a）$u=0.5$ 时的横截面　（b）流道中间变形曲面

2.4 工件动力学演化模型

零件切削成形的实质是多余材料的切除过程。在薄壁零件加工过程中,随着工件材料的连续切除,刀具姿态与切削位置也会不断改变,这些现象都会对工艺系统的动力学特性产生显著影响,使得薄壁零件的切削过程表现出时变特性。随着工件材料的不断切除,工件的几何结构也在不断演化,对应的工件子系统的动力学特性也将不断演化。

2.4.1 基于结构动力修改技术的工件动力学演化分析

采用结构动力修改技术可以快速、有效地预测工艺系统的动力学特性演化情况[11]。在薄壁零件的切削过程中,工件系统的模态参数会随着加工余量的不断切除而连续变化[2]。

工艺系统的动力学方程可以表示为

$$M\ddot{u}(t) + C\dot{u}(t) + Ku(t) = F(t) \tag{2.16}$$

式中:M 为工艺系统的模态质量矩阵;C 为工艺系统的模态阻尼矩阵;K 为工艺系统的模态刚度矩阵;$u(t)$ 为位移向量;$F(t)$ 为切削力向量。

当切削力为激振频率为 ω 的谐波力时,其相应的系统位移为

$$u(t) = (-\omega^2 M + iC + K)^{-1} F(t) = AF(t) \tag{2.17}$$

式中:A 为工艺系统的动柔度矩阵。

根据结构动力修改理论,结构修改部分即切除材料的动力学矩阵为

$$D = -\omega^2 \Delta M + i\Delta C + \Delta K \tag{2.18}$$

式中:ΔM 为结构修改部分的模态质量矩阵;ΔC 为结构修改部分的模态阻尼矩阵;ΔK 为结构修改部分的模态刚度矩阵。

结构动力修改之后,工艺系统的动柔度矩阵为

$$B = [-\omega^2(M + \Delta M) + i(C + \Delta C) + (K + \Delta K)]^{-1} \tag{2.19}$$

因此,结构动力修改前与修改后工艺系统的动柔度矩阵具有如下关系:

$$B^{-1} = A^{-1} + D \tag{2.20}$$

对式(2.20)进行变换,可以得到

$$B = [I + AD]^{-1} A \tag{2.21}$$

其中,I 为单位矩阵。

以航空发动机薄壁环形机匣为例,机匣切削过程中由材料切除引起的工艺系统动力学特性变化,可以看作工艺系统局部的结构动力修改,即

$$D = \begin{bmatrix} D_{11} & 0 \\ 0 & 0 \end{bmatrix} \qquad (2.22)$$

将式(2.22)代入式(2.21),可以得到

$$\begin{bmatrix} B_{11} & B_{12} \\ B_{21} & B_{22} \end{bmatrix} = \left\{ I + \begin{bmatrix} A_{11} & A_{12} \\ A_{21} & A_{22} \end{bmatrix} \begin{bmatrix} D_{11} & 0 \\ 0 & 0 \end{bmatrix} \right\}^{-1} \begin{bmatrix} A_{11} & A_{12} \\ A_{21} & A_{22} \end{bmatrix} \qquad (2.23)$$

上述的结构动力修改求解过程,没有考虑工艺系统自由度的增减问题,这对于薄壁零件的半精、精加工过程是可行的。因为材料切除单元的体积很小,特别是在机匣外型面法向上的结构变化不太明显。但对于这类零件的粗加工,如果不考虑工艺系统自由度的增减问题,会造成预测精度严重下降。

由式(2.23)可知,知道了工艺系统初始的模态参数和结构修改部分的模态参数,便可计算得到工艺系统结构修改之后的模态参数。其中,工艺系统初始及结构修改部分的模态参数可以通过有限元方法进行计算。

2.4.2　基于薄壳模型的工件动力学演化分析

2.4.2.1　常见壳体结构的双曲薄壳力学模型

在航空航天装备结构中,壳体结构非常常见。这些壳体的几何特征一定程度上可简化表征为球面、双曲抛物面、圆柱面和其他复杂形状,如图 2.18 所示。曲面单元能够更好地模拟真实结构,得到的计算结果会更有效。但是,曲面壳体的变形与平板变形有所区别。对于曲面单元,现常采用考虑横向剪切变形的曲面壳单元。从图 2.18 中可以得知,壳体结构一般在一个或两个方向上有不同或相同的半径,此外还存在某个方向的扭曲。相比平板,双曲薄壳近似结果更精确,因此引入双曲薄壳对常见壳体进行近似表示[12]。本书以双曲薄壳为对象进行介绍。

考虑一个双曲浅壳,其中曲面在正交绝对坐标系统(ACS)中可表示为如下方程:

$$z = \frac{x^2}{2R_x} + \frac{xy}{R_{xy}} + \frac{y^2}{2R_y} \qquad (2.24)$$

式中:R_x 和 R_y 是 x 和 y 方向上的曲率半径;R_{xy} 为曲面的扭曲半径,表示曲面的扭曲程度。

为分析方便起见,通常限定 R_x、R_y 和 R_{xy} 为常量,在这种情况下,式(2.24)表示一个二次曲面,如图 2.18(a)所示;当 $R_y = R$ 且 $R_x = R_{xy} = \infty$ 时,式(2.24)表示圆柱面,如图 2.18(b)所示;当 $R_x = R_y = R$ 且 $R_{xy} = \infty$ 时,式(2.24)表示球面,如图 2.18(c)所示;当 $R_x = -R_y = R$ 且 $R_{xy} = \infty$ 时,式(2.24)表示双曲抛物

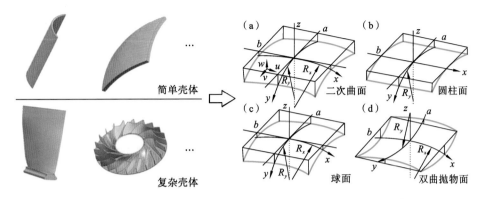

图 2.18 常见的壳体结构

面,如图 2.18(d)所示。壳体的中性面是一个曲面,壳单元受力状态及应力状态
如图 2.19 所示。假设壳的中曲面满足基尔霍夫假设,中曲面的应变 ε_0、扭转应
变 γ_0 以及曲率变化 κ 可以表示为

$$
\begin{cases}
\varepsilon_{0x} = \dfrac{\partial u}{\partial x} + \dfrac{w}{R_x}, \quad \varepsilon_{0y} = \dfrac{\partial v}{\partial y} + \dfrac{w}{R_y} \\[2mm]
\gamma_{0xy} = \dfrac{\partial v}{\partial x} + \dfrac{\partial u}{\partial y} + \dfrac{2w}{R_{xy}} \\[2mm]
\kappa_x = -\dfrac{\partial^2 w}{\partial x^2}, \quad \kappa_y = -\dfrac{\partial^2 w}{\partial y^2}, \quad \kappa_{xy} = -\dfrac{\partial^2 w}{\partial x \partial y}
\end{cases}
\tag{2.25}
$$

式中:u、v 和 w 为中曲面在 x、y 和 z 方向的位移。壳体中任一点的应变 ε 和扭
转应变 γ 表示为

$$
\begin{cases}
\varepsilon_x = \varepsilon_{0x} + z\kappa_x \\
\varepsilon_y = \varepsilon_{0y} + z\kappa_y \\
\gamma_{xy} = \gamma_{0xy} + 2z\kappa_{xy}
\end{cases}
$$

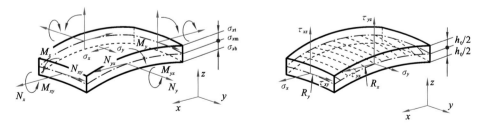

图 2.19 壳单元受力状态及应力状态

在壳体上取一个微小单元进行分析,单位长度上的合力 N_x、N_y 和 N_{xy} 与中曲面相切。单位长度上的合力矩为 M_x、M_y 和 M_{xy},如图 2.19 所示,考虑横向剪切力的力平衡方程可得到运动方程:

$$\begin{cases} \dfrac{\partial N_x}{\partial x}+\dfrac{\partial N_{xy}}{\partial y}+p_x=-\rho\dfrac{\partial^2 u}{\partial t^2} \\[2mm] \dfrac{\partial N_y}{\partial y}+\dfrac{\partial N_{xy}}{\partial x}+p_y=-\rho\dfrac{\partial^2 v}{\partial t^2} \\[2mm] -\left(\dfrac{2N_{xy}}{R_{xy}}+\dfrac{N_x}{R_x}+\dfrac{N_y}{R_y}\right)+\dfrac{\partial^2 M_x}{\partial x^2}+\dfrac{\partial^2 M_{xy}}{\partial y\partial x}+\dfrac{\partial^2 M_y}{\partial y^2}+p_n=-\rho\dfrac{\partial^2 w}{\partial t^2} \end{cases} \tag{2.26}$$

式中:p_x、p_y 是外部作用力在切向方向的分力;p_n 是法向方向的分力;ρ 为材料密度。对于各向同性的壳体材料,应变与应力的关系为

$$\varepsilon_x=\frac{1}{E}(\sigma_x-\nu\sigma_y),\quad \varepsilon_y=\frac{1}{E}(\sigma_y-\nu\sigma_x),\quad \gamma_{xy}=\frac{\tau_{xy}}{G} \tag{2.27}$$

$$\sigma_x=\frac{E}{1-\nu^2}(\varepsilon_x+\nu\varepsilon_y),\quad \sigma_y=\frac{E}{1-\nu^2}(\varepsilon_y+\nu\varepsilon_x) \tag{2.28}$$

$$\tau_{xy}=\frac{E}{2(1+\nu)}\gamma_{xy} \tag{2.29}$$

式中:σ 为应力;τ 为扭转应力;E 为弹性模量(杨氏模量),ν 为泊松比,G 为剪切模量,三者满足 $G=E/[2(1+\nu)]$。在截面上对应力进行积分可以求出合力,在厚度 h_0 上对应力进行积分可以得到弯矩,即

$$\begin{cases} N_x=\displaystyle\int_{-h_0/2}^{h_0/2}\sigma_x\,\mathrm{d}z \\[2mm] N_y=\displaystyle\int_{-h_0/2}^{h_0/2}\sigma_y\,\mathrm{d}z \\[2mm] N_{xy}=\displaystyle\int_{-h_0/2}^{h_0/2}\tau_{xy}\,\mathrm{d}z \\[2mm] M_x=\displaystyle\int_{-h_0/2}^{h_0/2}\sigma_x z\,\mathrm{d}z \\[2mm] M_y=\displaystyle\int_{-h_0/2}^{h_0/2}\sigma_y z\,\mathrm{d}z \\[2mm] M_{xy}=\displaystyle\int_{-h_0/2}^{h_0/2}\tau_{xy} z\,\mathrm{d}z \end{cases} \tag{2.30}$$

合力矩表示为

$$\begin{cases} M_x=D(\kappa_x+\nu\kappa_y) \\ M_y=D(\kappa_y+\nu\kappa_x) \\ M_{xy}=D(1-\nu)\kappa_{xy} \end{cases} \tag{2.31}$$

式中：

$$D = \frac{E h_0^3}{12(1-\nu^2)}$$

其中，D 为壳体的抗弯刚度。在正交坐标系下，浅壳的运动方程用位移矩阵表示为

$$\begin{bmatrix} -p_x \\ -p_y \\ p_n \end{bmatrix} = \frac{E h_0}{1-\nu^2} \begin{bmatrix} l_{11} & l_{12} & l_{13} \\ l_{21} & l_{22} & l_{23} \\ l_{31} & l_{32} & l_{33} \end{bmatrix} \begin{bmatrix} u \\ v \\ w \end{bmatrix} + \rho h_0 \begin{bmatrix} -\dfrac{\partial^2 u}{\partial t^2} \\ -\dfrac{\partial^2 v}{\partial t^2} \\ -\dfrac{\partial^2 w}{\partial t^2} \end{bmatrix} \tag{2.32}$$

其中，$l_{ij}(i,j=1,2,3)$ 为微分算子。

根据经典的里兹能量法，壳体中的势能是由应变能产生的，表示为

$$\mathrm{PE_m} = \mathrm{PE_s} + \mathrm{PE_b} \tag{2.33}$$

式中：$\mathrm{PE_s}$ 由中间曲面受拉伸产生，$\mathrm{PE_b}$ 由弯曲产生[13]，且

$$\mathrm{PE_s} = \frac{1}{2} \iint \frac{E h_0^2}{(1-\nu^2)} \left[(\varepsilon_{0x} + \varepsilon_{0y})^2 - 2(1-4\nu)\left(\varepsilon_{0x}\varepsilon_{0y} - \frac{\gamma_{0xy}^2}{4}\right) \right] \mathrm{d}A_s \tag{2.34}$$

式中：A_s 为壳体的中曲面的面积。

在壳体中，弯曲产生的势能为

$$\mathrm{PE_b} = \frac{1}{2} \iint D\left((\kappa_x + \kappa_y)^2 - 2(1-\nu)(\kappa_x \kappa_y - \kappa_{xy}^2)\right) \mathrm{d}A_s \tag{2.35}$$

振动的动能为

$$\mathrm{KE_m} = \frac{1}{2} \iint \rho h_0 \left(\frac{\partial u}{\partial t}\right)^2 \left(\frac{\partial v}{\partial t}\right)^2 \left(\frac{\partial w}{\partial t}\right)^2 \mathrm{d}A_s \tag{2.36}$$

在式(2.34)至式(2.36)中，能量表达式是由包含杨氏模量 E、材料密度 ρ、壳体厚度 h_0 的函数积分得到的，因此上述动能和势能的求解方法适用于变厚度或非均质材料的壳体。

对于底面固定装夹的壳体，其边界需满足在边界处 x 向位移为零，y 向位移为零，z 向位移为零，以及 z 向速度为零，即满足式(2.37)至式(2.41)：

$$N_{0x} - N_x = 0 \quad \text{或} \quad u_0 = 0 \tag{2.37}$$

$$\left(N_{0y} - \frac{M_{0xy}}{R_y}\right) - \left(N_{xy} - \frac{M_{xy}}{R_y}\right) = 0 \quad \text{或} \quad v_0 = 0 \tag{2.38}$$

$$\left(Q_{0x} - \frac{\partial M_{0xy}}{\partial y}\right) - \left(Q_x - \frac{\partial M_{xy}}{\partial y}\right) = 0 \quad \text{或} \quad w_0 = 0 \tag{2.39}$$

$$M_{0x} - M_x = 0 \quad \text{或} \quad \frac{\partial w_0}{\partial x} = 0 \tag{2.40}$$

$$M_{0xy} w_0 \big|_{y_1}^{y_0} = 0 \tag{2.41}$$

2.4.2.2 不同切削加工方案下的切削厚度建模

在浅壳的加工过程中,若采用不同的加工方案,其中间加工阶段的零件形状会不同,但是最主要的差别是切削厚度的变化不同。一般情况下主要存在三种加工方案:单向切削、往复切削、环绕式切削。

把浅壳投影到 Oxy 平面,会形成一个封闭区域。为了使分析简单,x 轴和 y 轴被重新定义在一个不同的正交绝对坐标系,如图 2.20 所示。为了模拟切削过程,将浅壳的投影区域分为九个子区域。从左至右,边界曲线和分割曲线分别由 $u_1(x)$、$u_2(x)$、$u_3(x)$、$u_4(x)$ 表示。由下往上,边界曲线和分割曲线由

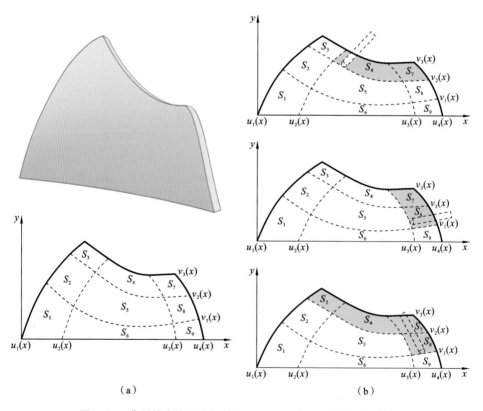

(a)

(b)

图 2.20 典型的壳体结构及其在 Oxy 平面上的投影和切除顺序

(a) 典型结构在 Oxy 平面上的投影 (b) 典型切削顺序

$v_1(x)$、$v_2(x)$、$v_3(x)$ 依次表示。九个子区域分别标记为 S_1、S_2、S_3、S_4、S_5、S_6、S_7、S_8、S_9。每个子区域的厚度是 H_1、H_2、H_3、H_4、H_5、H_6、H_7、H_8、H_9。采用上述的参数化模型,可以调整相应的分段光滑曲线与每个区域的厚度来模拟切削加工过程。图 2.20(b) 中列出了一些在切削加工过程中可能的情况,其中灰色区域表示已加工区域,其厚度发生了变化。

2.4.2.3　模态频率与模态振型求解

本书使用瑞利-里兹法求解薄壳在加工过程中任一阶段的固有频率和模态振型。薄壳的振动方程假设为满足悬臂边界约束条件的正弦函数,可以用如下方程表示:

$$\begin{cases} u(x,y,t)=\displaystyle\sum_{i=0}^{I_c}\sum_{j=0}^{J_c}\alpha_{i,j}\left(\dfrac{x}{a}\right)^i\left(\dfrac{y}{b}\right)^j\sin\omega t=U(\varepsilon,\eta)\sin\omega t \\[3mm] v(x,y,t)=\displaystyle\sum_{k=0}^{K_c}\sum_{l=0}^{L_c}\beta_{k,l}\left(\dfrac{x}{a}\right)^k\left(\dfrac{y}{b}\right)^l\sin\omega t=V(\varepsilon,\eta)\sin\omega t \quad (2.42) \\[3mm] w(x,y,t)=\displaystyle\sum_{m=0}^{M_c}\sum_{n=0}^{N_c}\gamma_{m,n}\left(\dfrac{x}{a}\right)^m\left(\dfrac{y}{b}\right)^n\sin\omega t=W(\varepsilon,\eta)\sin\omega t \end{cases}$$

式中:a 和 b 表示壳体相应的水平宽度和垂直高度;ε 和 η 是对应 x 和 y 的无量纲坐标,即 $\varepsilon=x/a$,$\eta=y/b$;I_c、J_c、K_c、L_c、M_c 和 N_c 表示正整数。

为了求解自由振动问题,根据里兹能量法,将位移方程代入能量方程式(2.33)并将壳体的总势能相对于系数 $\alpha_{i,j}$、$\beta_{k,l}$ 和 $\gamma_{m,n}$ 最小化,可以获得下面的方程式:

$$\begin{cases} \dfrac{\partial(\mathrm{KE_m}-\mathrm{PE_m})}{\partial\alpha_{i,j}}=0, \quad i=0,1,2,\cdots,I_c, \quad j=0,1,2,\cdots,J_c \\[3mm] \dfrac{\partial(\mathrm{KE_m}-\mathrm{PE_m})}{\partial\beta_{k,l}}=0, \quad k=0,1,2,\cdots,K_c, \quad l=0,1,2,\cdots,L_c \quad (2.43) \\[3mm] \dfrac{\partial(\mathrm{KE_m}-\mathrm{PE_m})}{\partial\gamma_{m,n}}=0, \quad m=0,1,2,\cdots,M_c, \quad n=0,1,2,\cdots,N_c \end{cases}$$

可通过求解相应方程式获得特征值。然后,将特征值代入方程式(2.43)可以计算出相应的特征向量。最后,将特征向量代入方程式(2.42),能够得到对应于各频率的模态振型。

由以上分析可知,解析方法的复杂程度取决于模型复杂度。当壳体的轮廓形状或加工过程的中间阶段的几何形状十分复杂的时候,解析方法的计算量异常大,几乎不可能实现。因此通常需要将模型简化,例如将边界曲线近似为直线或只分析特定的几个中间阶段。

2.5　刀具磨损演化模型

2.5.1　加工中的刀具磨损

2.1 节介绍的两个子系统中,刀具-主轴子系统中时变性最强的因素是刀具的磨损。刀具后刀面磨损是航空难加工材料零件切削过程中的强时变因素。刀具磨损量达到一定限度后,将严重影响切削力热耦合作用以及加工表面质量,进而影响航空关键构件在服役过程中的性能。因此建立刀具磨损演化模型,在加工过程中实时监测刀具磨损状态对确保航空关键构件的加工品质极为重要。切削加工过程中,常见的刀具磨损类型及其对应的磨损机理如表 2.1 所示,常见的刀具磨损形式如图 2.21 所示。最常见和研究最多的一种刀具磨损类型是后刀面磨损,以后刀面磨损为基础的常见刀具寿命曲线如图 2.22 所示。刀具磨损一般可以分为三个阶段:初始磨损阶段、正常磨损阶段和快速磨损阶段。在航空材料的切削加工中,采用硬质合金刀具切削钛合金时的磨损一般由磨粒磨损、黏着磨损及扩散磨损等综合作用形成;采用硬质合金刀具切削高温合金材料时,刀具的主要磨损类型是磨粒磨损、扩散磨损和崩刃等。

表 2.1　常见的刀具磨损类型及其机理

磨损类型	机　　理	示　意　图
磨粒磨损	材料中的硬质颗粒划过刀具表面,引起刀具磨损。这也是引起刀具后刀面磨损的主要因素之一	（示意图）
黏着磨损	在高温、高压及摩擦的作用下,切屑黏着在刀具表面所致,易引起刀具表面的积屑瘤,并引起刀具刃口形状变化或出现沟槽	（示意图）

续表

磨损类型	机 理	示 意 图
扩散磨损	高温情况下,刀具材料原子扩散到切屑或工件中去,从而弱化刀具刃口的强度,造成崩刃或破损	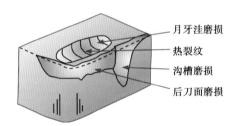
氧化磨损	氧化磨损是空气环境中刀具材料氧化所致	
热致磨损	一方面,切削过程中的高温会导致刀具材料软化,使刀具产生塑性变形;另一方面,频繁的加热-冷却循环会导致刀具上热裂纹的产生	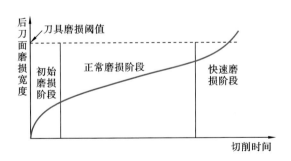

图 2.21　常见的刀具磨损形式

图 2.22　刀具寿命曲线

2.5.2　刀具磨损的演化建模

根据刀具分阶段磨损规律,以刀具的后刀面磨损量、磨损速度为状态参数,建立刀具磨损演化的预测模型[14]：

$$VB(t_k) = VB(t_{k-1}) + \int_{t_{k-1}}^{t_k} r(t)\,dt$$

$$= VB(t_{k-1}) + r_k(t_k - t_{k-1}) + \frac{1}{2}\lambda_k(t_k - t_{k-1})^2 \qquad (2.44)$$

式中：$t_{k-1} \leqslant t \leqslant t_k$；$VB(t_k)$ 为 t_k 时刻刀具的总磨损量；r_k 为 t_k 时刻的刀具磨损率；λ_k 为 t_k 时刻刀具磨损加速度。

一般情况下，根据刀具三阶段磨损规律，式(2.44)在刀具磨损的三个阶段分别有不同的表示，如图 2.23 所示。

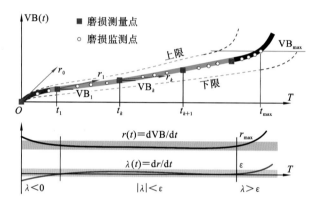

图 2.23 刀具磨损量监测与控制示意图

（1）初始磨损阶段：该阶段刀具磨损量为时间的二次曲线，可以表示为

$$VB_0(t) = VB_0 + r_0 t + \frac{r_1 - r^*}{t_1} t^2 \qquad (2.45)$$

（2）正常磨损阶段：在一般情况下该阶段的刀具磨损量与时间成线性关系，可表示为

$$VB_k(t) = VB_k + r_k(t - t_k), \quad k \geqslant 1 \qquad (2.46)$$

在加工过程中，设置刀具磨损的侦测识别监测点，通过监测和计算可获得 t_k 时刻的刀具磨损量 VB_k 和磨损率 r_k，利用式(2.46)实现 $t > t_k$ 时的刀具磨损量 $VB_k(t)$ 的预测。

（3）快速磨损阶段：当监测结果出现 $r_k > r_{max}$ 或 $\lambda_k > \varepsilon$ 或 $VB_k \geqslant VB_{max}$ 时，刀具进入快速磨损阶段，并触发停止加工、更换刀具指令。

在确定的工况条件下，式中 r_k 和 VB_k 为切削速度 v_c 和每齿进给量 f_z 的函数，可以通过实验方法建模。图 2.24(a)、(b)所示分别为通过实验获得的 t_1 时

刻的刀具磨损率 r_1 和后刀面磨损量 VB_1 随切削速度 v_c 和每齿进给量 f_z 的变化关系。

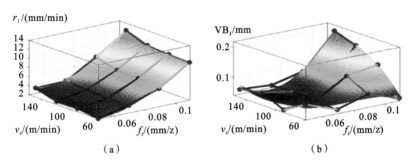

图 2.24　刀具磨损实验建模
（a）刀具磨损率　（b）后刀面磨损量

本章参考文献

［1］罗明. 弱刚性工艺系统动力学建模与加工过程控制研究 ［D］. 西安：西北工业大学，2012.

［2］周续. 环形薄壁零件铣削过程动态响应预测与控制研究 ［D］. 西安：西北工业大学，2016.

［3］CHOI B K，KIM D H，JERARD R B. C-space approach to tool-path generation for die and mould machining［J］. Computer-Aided Design，1997，29(9)：657-669.

［4］MORISHIGE K，TAKEUCHI Y，KASE K. Tool path generation using C-space for 5-axis control machining［J］. Journal of Manufacturing Science and Engineering，1999，121(1)：144-149.

［5］韩飞燕. 多态演化工序模型建模方法及其应用研究 ［D］. 西安：西北工业大学，2016.

［6］GUO H，FU X Y，CHEN F，et al. As-rigid-as-possible shape deformation and interpolation［J］. Journal of Visual Communication and Image Representation，2008，19(4)：245-255.

［7］HOFFMAN J D，FRANKEL S. Numerical methods for engineers and scientists ［M］. 2nd edition. Boca Raton：CRC Press，2001.

［8］GORDON W J，HALL C A. Construction of curvilinear co-ordinate systems and applications to mesh generation［J］. International Journal for Numerical Methods in Engineering，1973，7(4)：461-477.

［9］ ERIKSSON L. Generation of boundary-conforming grids around wing-body configurations using transfinite interpolation［J］. AIAA Journal，1982，20(10)：1313-1320.

［10］ THOMPSON J F，WARSI Z U A，MASTIN C W. Numerical grid generation—fundations and applications ［M］. Amsterdam：North-Holland，1985.

［11］ ALAN S，BUDAK E，ÖZGÜVEN H N. Analytical prediction of part dynamics for machining stability analysis［J］. International Journal of Automation Technology，2010，4(3)：259-267.

［12］ 刘一龙. 薄壁件铣削动力学分析与颤振监控方法 ［D］. 西安：西北工业大学，2017.

［13］ RAO S S. Vibration of continuous systems ［M］. New Jersey：John Wiley & Sons，2007.

［14］ HOU Y F，ZHANG D H，WU B H，et al. Milling force modeling of worn tool and tool flank wear recognition in end milling［J］. IEEE/ASME Transactions on Mechatronics，2015，20(3)：1024-1035.

第3章
切削加工过程监测与数据处理方法

在金属切削加工的研究中,一般通过切削试验的方式获得切削加工相关的数据。例如,切削力预测中使用的切削力系数,通常是通过切削试验获得的。然而,实际加工过程中的工艺系统结构、刀具与工件材料状态与试验环境并非完全一致,这也就意味着在试验条件下获得的切削参数并不能完全适用于真实切削环境。在薄壁零件的加工过程中,这种现象尤为显著。例如,在叶片类零件的加工过程中,工件材料的切除量很大,零件的模态参数变化也很大,仅仅根据零件初始状态确定的颤振稳定性并不能适用于工件完整的切削过程。在智能制造的时代,随着先进传感技术的发展,通过切削加工过程现场监测与数据处理方法的应用,获得与现场真实工艺系统环境、材料状态一致的切削数据成为可能。在复杂构件的切削加工过程中,过去一般是由操作工人通过耳听目看的方式来判断加工过程中的刀具与工件状态,智能加工中的切削过程监测则致力于利用现场监测数据进行材料状态的侦测、刀具与工件状态的识别,提供更为全面的加工过程监测手段与方法,从而为实现每件产品的正确加工以及提高批量产品的一致性奠定基础。

3.1 切削加工过程中的监测方法

智能加工过程中的决策需要通过实时监测加工过程来获得信息。在线监测直接面向加工过程,与具体设备和仪器相联系。加工过程中监测或检测的量可以分为几何量和物理量两类。几何量的检测一般包括工件几何尺寸及表面粗糙度的检测、刀具磨损的检测和机床精度的检测等。其中,几何尺寸、表面粗糙度、刀具磨损、机床精度等均可采用光学检测手段进行检测。此外,工件几何尺寸还可以采用接触式在机测头等仪器进行检测。

切削加工过程中常用的监测物理量一般包括切削力、扭矩、振动、功率、压力、温度、位移、声发射等,如表3.1所示。

表 3.1   加工过程中常用的监测物理量

监测物理量	说　明
切削力	切削力的监测是对切削加工过程进行分析研究最常用的监测方法之一。根据监测的切削力，可以跟踪材料的切削状态、刀具的磨损状态等。切削力的监测一般采用力传感器，传感器可以集成在刀柄、工件夹具或机床的工作台中
扭矩	在钻削、铣削、攻螺纹等加工过程中，通常需要对扭矩进行监测，进而根据监测数据进行加工状态的判定
振动	在切削过程中，加工振动、刀具破坏、机械碰撞等会产生异常的振动。振动传感器可以监测切削过程中机床结构或工件产生的振动，通过分析振动可以监测工艺系统振动、刀具破坏、机械碰撞和严重的过程故障。振动传感器也可以监测机床主轴的振动，为加工过程中的振动预测与控制提供数据
功率	加工过程中的机床主轴或驱动电动机的功率可以通过功率传感器获得，根据监测到的功率数据，可对功率变化中出现的起伏、波纹、尖峰及短时下降进行判断和预测。大部分的功率监测用于防止主轴过载及对碰撞进行监测
压力	加工过程中的压力监测主要是对冷却系统的运行状态进行监测。稳定的冷却液压力对航空难加工材料的切削加工非常重要
温度	每一个切削过程都会产生显著的切削热，监测加工中的切削温度对确保加工表面完整性及分析刀具状态有重要作用。切削过程中的温度监测方法主要有利用热传导（如热电偶）和热辐射（红外线）两种原理的方法
位移	位移的监测可以通过电涡流位移传感器或激光位移传感器等实现，根据位移可以对加工过程中的工件振动状态等进行分析
声发射	在切削过程中，刀具断裂会产生声发射信号。声发射传感器能监测在切削过程中产生的声发射信号，通过分析监测到的信号可以获得刀具的信息。在加工过程中传感器可以监测到非常小的声发射信号，再与有效功率或者主轴扭矩相结合，能够监测刀具的破损情况

随着传感技术的不断发展，将小型传感器集成到机床、夹具、主轴甚至刀具中对加工过程进行监测的技术成为近年来的发展方向。与传统的外置式监测方式相比，集成式嵌入监测方式的优点在于：

（1）可实现完整加工过程的监测，且不对加工过程产生干扰，可以反映更为真实的加工过程；

（2）可以实现不同加工条件、不同批次及产品差异的监测，从而克服试验环境下有限工况监测数据的局限性。

3.2　侦测加工方法

在实际的铣削加工中，加工过程的影响因素众多。影响因素主要分为加工系统、工件信息、刀具状态及动态参数四个方面。加工系统包括机床功率、扭矩、精度等机床性能指标。机床性能在短时间内不发生变化，即加工系统在铣削加工过程中属于非时变因素。工件信息包括工件材料、零件特征、加工方法等与工件相关的指标。工件信息在加工进行之前已经确定，在加工过程中属于非时变因素。刀具状态包括刀具及刀刃的几何参数、物理参数以及刀具磨损状态信息。刀具在加工进行之前已经确定，在铣削加工过程中，刀具的物理参数是非时变的。刀具磨损状态随着加工过程的进行而变化，即刀具磨损状态信息是时变的。磨损也会引起刀具刃口几何参数的变化。动态参数包括轴向切深、径向切宽、进给速度、主轴转速。由于被加工工件的结构以及实际加工中刀具及工件的变形，轴向切深、径向切宽在加工过程中会发生变化。同时，在加工过程中会对进给速度、主轴转速进行优化调整，导致进给速度、主轴转速在加工过程中发生变化。因此，动态参数在加工过程中是时变的。

时变工况因素由于其时变性和复杂性，在加工过程进行之前无法准确预知，必须在加工过程进行中通过在线识别的方法获取。然而，时变工况因素对加工过程中可观测量的影响耦合在一起，难以进行解耦。通过监测加工过程中的可观测量不能够解耦各个时变工况因素对可观测量的耦合影响，即传统方法无法实现时变工况因素的在线识别。为此，提出一种侦测加工方法用于加工过程中复杂工况的识别[1]。

3.2.1　侦测加工的概念

所谓侦测加工，就是在实际的加工过程中，通过对加工过程进行主动激励，同时监测加工过程中的可观测量，获取激励前后的系统响应。在此基础上，根据加工过程的过程模型及系统响应建立侦测响应方程。通过侦测加工获得侦测响应方程后，对响应方程进行求解，进而获得工艺系统当前的时变工况。侦测加工的原理如图 3.1 所示。

侦测加工中的"侦"是指，有目的地对加工过程进行主动激励，主动激励的具体形式根据需要识别的工况因素来确定。

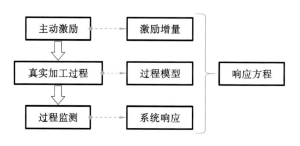

图 3.1 侦测加工原理

侦测加工中的"测"是指,通过感知手段在线监测获取工艺系统加工界面上发生的多场耦合作用信息,以及工艺系统在多场耦合作用下的输出响应。

侦测加工中的"加工"是指真实的零件切削加工过程,而非试切或过程仿真,是侦测过程实现的载体。在该真实的加工过程中,需要根据主动激励的具体形式,实现有目的的主动激励。同时,需要对其进行在线监测,实现工艺系统输出响应的实时获取。

侦测加工中主动激励的实现方法:在加工过程中,通过与数控系统进行通信,给加工过程参数叠加一个激励增量,实现加工过程的主动激励。侦测加工中过程监测的实现方法:针对加工过程中的可观测量,通过多种传感手段,对其进行在线测量,并对测量得到的数据进行实时分析处理,从而获得工艺系统的输出响应。在加工进行之前,需对具体的加工过程完成加工过程建模。侦测响应方程是加工过程模型在侦测前与侦测后两个时刻的具体实例。该实例是在加工过程模型的基础上,根据加工过程的侦测响应构建的。对侦测响应方程进行在线求解,根据工况因素对观测量的影响可以计算获得工艺系统当前的时变工况。

3.2.2 侦测加工的实现方法

3.2.2.1 侦测加工的数学表述

为实现加工过程的侦测,首先需要对加工过程进行描述,建立加工过程模型。加工过程模型的一般化表达式为

$$\boldsymbol{M} = f(\boldsymbol{E}) \qquad\qquad (3.1)$$

式中:$\boldsymbol{M} = \begin{bmatrix} m_1 & m_2 & m_3 & \cdots \end{bmatrix}^{\mathrm{T}}$ 为加工过程中可观测的系统输出向量;$\boldsymbol{E} = \begin{bmatrix} e_1 & e_2 & e_3 & \cdots \end{bmatrix}^{\mathrm{T}}$ 为加工过程的输入条件向量;f 是输入条件到系统输出的映

射关系,该映射关系是通过加工过程建模得到的。

激励增量:在加工过程中主动给输入条件向量 $\boldsymbol{E}$ 叠加一个激励增量 $\Delta\boldsymbol{E}$,形成新的输入条件向量 $\boldsymbol{E}+\Delta\boldsymbol{E}$。激励增量向量为 $\Delta\boldsymbol{E}=\begin{bmatrix}\Delta e_1 & \Delta e_2 & \Delta e_3 & \cdots\end{bmatrix}^\mathrm{T}$,其中各个元素的增量需要根据实际的侦测识别过程来确定。在实际的侦测识别过程中,激励增量向量 $\Delta\boldsymbol{E}$ 中的元素可以部分为零。

系统响应:通过感知手段在线监测加工过程,分别获得激励前的系统输出向量 $\boldsymbol{M}$ 和激励后的系统输出向量 $\boldsymbol{M}+\Delta\boldsymbol{M}$。$\Delta\boldsymbol{M}=\begin{bmatrix}\Delta m_1 & \Delta m_2 & \Delta m_3 & \cdots\end{bmatrix}^\mathrm{T}$,为系统的激励响应向量,该向量可以通过激励后与激励前系统输出的对比差异获得。

侦测过程:在真实的加工过程中,主动给输入条件向量叠加一个激励增量 $\Delta\boldsymbol{E}$,形成新的输入条件向量 $\boldsymbol{E}+\Delta\boldsymbol{E}$,同时监测获取激励前工艺系统的输出向量 $\boldsymbol{M}$ 和激励后工艺系统的输出向量 $\boldsymbol{M}+\Delta\boldsymbol{M}$,得到工艺系统的输出响应。根据已经建立的加工过程模型,即输入条件到系统输出的映射关系 $f:\boldsymbol{E}\to\boldsymbol{M}$,构建系统的侦测响应方程。

侦测响应方程:在加工过程模型的基础上,将主动激励前的加工过程输入条件向量 $\boldsymbol{E}$、系统输出向量 $\boldsymbol{M}$ 和主动激励后的过程输入条件向量 $\boldsymbol{E}+\Delta\boldsymbol{E}$、系统输出向量 $\boldsymbol{M}+\Delta\boldsymbol{M}$ 分别代入加工过程模型得到的侦测响应方程。侦测响应方程的表达式为

$$\begin{cases}\boldsymbol{M}_i=f(\boldsymbol{E}_i)\\ \boldsymbol{M}_i+\Delta\boldsymbol{M}_i=f(\boldsymbol{E}_i+\Delta\boldsymbol{E}_i)\end{cases} \tag{3.2}$$

时变工况在线识别:根据时变工况监测识别的具体需求,对方程组(3.2)进行在线求解,可以获得过程模型 $f:\boldsymbol{E}\to\boldsymbol{M}$ 中的模型系数。根据工况因素对模型系数的影响可以计算得到工艺系统当前的时变工况因素,从而实现时变工况因素的在线监测识别。

从加工过程的角度看,加工过程的侦测得到了主动激励前后工艺系统输出的对比,即工艺系统的侦测响应。在此基础上,可以进一步对加工过程进行在线分析。从数学模型的角度看,加工过程的侦测增加了加工过程模型中方程式的数量,使得本不可求解的不定方程转变为可以求解的恰定方程组或者超定方程组。在此基础上,通过求解方程组可以得到时变工况因素。

3.2.2.2 侦测加工的实现流程

侦测加工过程可以划分为前期准备、在线侦测及后期处理三个阶段,其主要流程如图 3.2 所示。

(1)过程建模。对加工过程进行分析,根据需要识别的工况因素建立相关

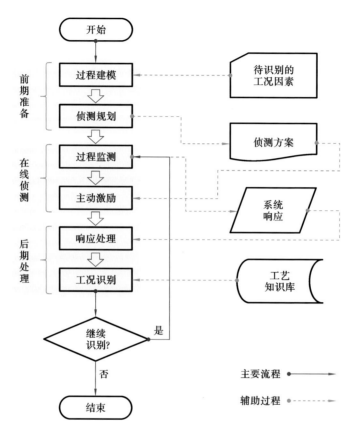

图 3.2　侦测加工流程

的加工过程模型,为侦测加工及响应方程的构建求解提供理论基础。

　　(2)侦测规划。根据真实的零件加工过程及需要识别的工况因素制订侦测方案,包括主动激励的形式、过程监测的方法,以及侦测过程的硬件实现方案。

　　(3)过程监测。在真实的零件加工过程中,按照已经制订的过程监测方案,通过多种感知手段,对加工过程中的可观测量进行实时监测,获取加工过程的系统响应。

　　(4)主动激励。在真实的零件加工过程中,按照已经制订的主动激励形式,通过与数控系统通信来调控加工过程,对加工过程施加激励增量。

　　(5)响应处理。在侦测过程完成之后,对监测得到的侦测响应结果进行在线分析处理,根据加工过程模型构建侦测响应方程,并对响应方程进行初步求解。

　　(6)工况识别。通过工艺知识库匹配获取当前加工状态下时变工况因素对加工过程可观测量的影响关系,根据该影响关系以及侦测响应方程的初步求解结果计算识别当前的时变工况。

3.3　基于铣削力的切深切宽侦测方法

铣削加工过程中,一般情况下名义上的切深、切宽在规划加工轨迹时就已经确定了。然而,实际加工过程中零件的不一致性(尤其是粗加工阶段)、工件变形等因素会造成实际的切深、切宽等参数与名义值并不完全一致,这会给后续零件的加工及工艺优化带来困难。因此,有必要根据在线监测的铣削力等数据,识别实际的铣削参数,为复杂构件加工过程的优化奠定基础。

在铣削加工过程中,工件材料的物理属性、刀具的参数及磨损状态、铣削参数(每齿进给量、轴向切深、径向切宽)等因素会同时影响铣削力。在铣削加工过程中,刀具的磨损状态、铣削参数是随着铣削的进行发生变化的。因此,影响铣削力的时变工况因素包括刀具的磨损状态、铣削参数。铣削参数和刀具的磨损状态同时对铣削力产生影响,即铣削力不能单独反映铣削参数或者刀具磨损状态。因此,需要通过侦测的方法对多种因素的影响进行解耦,然后再进行时变工况在线识别。

3.3.1　平均铣削力

在铣削加工过程中,与切深、切宽最为相关的物理量就是铣削力,而铣削力信号又具有响应快、灵敏度高、可在线实时采集监测等特点。因此,在识别切深、切宽过程中,将铣削力作为侦测加工中监测的对象最为合适。

根据包含磨损刀具的铣削力模型及时变工况对铣削力影响的分析可知[1],平均铣削力可以表示成每齿进给量 f_z 的线性函数形式:

$$\overline{\boldsymbol{F}} = f_z \cdot \boldsymbol{G}_c \cdot \boldsymbol{K} + \boldsymbol{G}_w \cdot \boldsymbol{F}_w(\text{VB}) \tag{3.3}$$

式中:$\overline{\boldsymbol{F}}$ 为铣削力矢量的平均矢量;$\boldsymbol{G}_c$ 为平均铣削力中平均剪切作用力的几何影响矩阵;$\boldsymbol{K}$ 为剪切力系数矩阵;f_z 为每齿进给量;$\boldsymbol{G}_w$ 为平均铣削力中平均摩擦效应力的几何影响矩阵;$\boldsymbol{F}_w(\text{VB})$ 为铣削力的刀具磨损影响矩阵。在本节所述切深、切宽的识别过程中,暂不考虑刀具磨损的影响。

3.3.2　加工过程中的侦与测

在真实的零件铣削加工过程中,一般通过切削力传感器监测铣削力,并实时计算平均铣削力。计算得到的平均铣削力表示为 $\overline{\boldsymbol{F}_{\text{moni}}}$。当需要识别当前轴向

切深 a_{p} 和径向切宽 a_{e} 时,通过数控系统主动给每齿进给量 f_z 叠加一个激励增量 Δf_z,使得实际的每齿进给量为 $f_z+\Delta f_z$。同时,监测实时铣削力并计算得到平均铣削力 $\overline{F_{\mathrm{moni}}}+\Delta\overline{F_{\mathrm{moni}}}$。在这一铣削侦测加工过程中,"侦"是指主动给每齿进给量 f_z 叠加一个激励增量 Δf_z,使得实际的每齿进给量为 $f_z+\Delta f_z$;"测"是指通过切削力传感器监测主动激励前后的铣削力,并实时计算相应的平均铣削力 $\overline{F_{\mathrm{moni}}}$ 和 $\overline{F_{\mathrm{moni}}}+\Delta\overline{F_{\mathrm{moni}}}$。其中,主动激励前的平均铣削力 $\overline{F_{\mathrm{moni}}}$ 及主动激励后的平均铣削力变化量 $\Delta\overline{F_{\mathrm{moni}}}$ 分别可以表示为

$$\begin{cases} \overline{\boldsymbol{F}_{\mathrm{moni}}} = \left[\dfrac{\overline{\boldsymbol{F}_{\mathrm{moni},x}}}{\overline{\boldsymbol{F}_{\mathrm{moni},y}}} \right] \\ \Delta\overline{\boldsymbol{F}_{\mathrm{moni}}} = \left[\dfrac{\Delta\overline{\boldsymbol{F}_{\mathrm{moni},x}}}{\Delta\overline{\boldsymbol{F}_{\mathrm{moni},y}}} \right] \end{cases} \qquad (3.4)$$

3.3.3 侦测响应方程

根据每齿进给量 f_z 的线性函数形式的平均铣削力表达式式(3.3)可以得到以下两个方程式:

$$\begin{cases} \overline{\boldsymbol{F}_{\mathrm{moni}}} = f_z \cdot \boldsymbol{G}_{\mathrm{c}} \cdot \boldsymbol{K} + \boldsymbol{G}_{\mathrm{w}} \cdot \boldsymbol{F}_{\mathrm{w}}(\mathrm{VB}) \\ \overline{\boldsymbol{F}_{\mathrm{moni}}} + \Delta\overline{\boldsymbol{F}_{\mathrm{moni}}} = (f_z + \Delta f_z) \cdot \boldsymbol{G}_{\mathrm{c}} \cdot \boldsymbol{K} + \boldsymbol{G}_{\mathrm{w}} \cdot \boldsymbol{F}_{\mathrm{w}}(\mathrm{VB}) \end{cases} \qquad (3.5)$$

在该方程组中,主动激励前的平均铣削力 $\overline{F_{\mathrm{moni}}}$、主动激励后的平均铣削力变化量 $\Delta\overline{F_{\mathrm{moni}}}$ 是通过测力传感器实时监测并计算得到的。主动激励前的每齿进给量 f_z 通过与数控系统的通信可以实时获得,激励增量 Δf_z 是主动增加激励量,亦为已知。剪切力系数矩阵 $\boldsymbol{K}$ 事先通过切削试验标定,并存储于工艺知识库中。平均剪切作用力的几何影响矩阵 $\boldsymbol{G}_{\mathrm{c}}$ 和平均摩擦效应力的几何影响矩阵 $\boldsymbol{G}_{\mathrm{w}}$ 均与刀具参数、铣削啮合形式、切深切宽等因素相关。铣削力的刀具磨损影响矩阵 $\boldsymbol{F}_{\mathrm{w}}(\mathrm{VB})$ 与刀具磨损状态、工件材料和刀具涂层等因素相关。

3.3.4 切深切宽的侦测识别

3.3.4.1 识别过程分析

在方程组(3.5)中,未知量包括平均剪切作用力的几何影响矩阵 $\boldsymbol{G}_{\mathrm{c}}$、平均摩擦效应力的几何影响矩阵 $\boldsymbol{G}_{\mathrm{w}}$,以及铣削力的刀具磨损影响矩阵 $\boldsymbol{F}_{\mathrm{w}}(\mathrm{VB})$。其中矩阵 $\boldsymbol{G}_{\mathrm{c}}$ 和矩阵 $\boldsymbol{G}_{\mathrm{w}}$ 均与刀具参数、铣削啮合形式、切深切宽等因素相关,因此这两个矩阵是相关的。这两个矩阵是通过其与切深切宽的相关关系产生联系的。同时,在方程组中平均摩擦效应力的几何影响矩阵 $\boldsymbol{G}_{\mathrm{w}}$ 与铣削力的刀具磨损影

响矩阵 F_w (VB)交叉耦合在一起,难以分离求解。因此,切深切宽不能通过平均摩擦效应力的几何影响矩阵 G_w 计算识别,只能通过平均剪切作用力的几何影响矩阵 G_c 计算识别。

根据方程组(3.5)求解包含平均剪切作用力的几何影响矩阵 G_c 的项 $G_c \cdot K$,得到:

$$G_c \cdot K = \Delta \overline{F_{moni}} / \Delta f_z \qquad (3.6)$$

平均剪切作用力的几何影响矩阵 G_c 可以表示为

$$G_c = \begin{bmatrix} g_{c,1} & g_{c,2} \\ -g_{c,2} & g_{c,1} \end{bmatrix} \qquad (3.7)$$

式中:$g_{c,1}$ 和 $g_{c,2}$ 可以表示为

$$\begin{cases} g_{c,1} = \dfrac{N \cdot a_p}{8\pi} \cdot (\cos 2\varphi_{j,st} - \cos 2\varphi_{j,ex}) \\ g_{c,2} = \dfrac{N \cdot a_p}{8\pi} \cdot [\sin 2\varphi_{j,st} - \sin 2\varphi_{j,ex} - 2(\varphi_{j,st} - \varphi_{j,ex})] \end{cases} \qquad (3.8)$$

其中,N 为铣刀齿数;$\varphi_{j,st}$ 为铣刀刀齿切入角;$\varphi_{j,ex}$ 为铣刀刀齿切出角。

剪切力系数矩阵 K 可以表示为

$$K = \begin{bmatrix} K_{tc} \\ K_{rc} \end{bmatrix} \qquad (3.9)$$

将矩阵 G_c、矩阵 K 及矩阵 $\Delta \overline{F_{moni}}$ 同时代入式(3.6)中,可以分别求解得出 $g_{c,1}$、$g_{c,2}$,结果为

$$\begin{bmatrix} g_{c,1} \\ g_{c,2} \end{bmatrix} = \frac{1}{\Delta f_z \cdot (K_{tc}^2 + K_{rc}^2)} \cdot \begin{bmatrix} \Delta \overline{F_{moni,x}} & \Delta \overline{F_{moni,y}} \\ -\Delta \overline{F_{moni,y}} & \Delta \overline{F_{moni,x}} \end{bmatrix} \cdot K \qquad (3.10)$$

式中:Δf_z 为侦测过程中的主动激励,是由侦测过程决定的,是已知量;K 为剪切力系数矩阵,包含 K_{tc}、K_{rc} 两个分量,在确定了工件材料及刀具的前提下,剪切力系数矩阵 K 可以在工艺知识库中匹配获取;$\Delta \overline{F_{moni,x}}$ 和 $\Delta \overline{F_{moni,y}}$ 分别为主动激励后平均铣削力变化量在 X 方向和 Y 方向上的分量,可以通过测力传感器实时监测并计算得到。计算得到 $g_{c,1}$ 与 $g_{c,2}$ 后,即得到了平均剪切作用力的几何影响矩阵 G_c。

3.3.4.2 切深切宽的计算识别

平均剪切作用力的几何影响矩阵 G_c 与刀具参数、铣削啮合形式、切深切宽等因素相关。求解响应方程得到独立元素 $g_{c,1}$、$g_{c,2}$ 后,根据铣削轴向切深 a_p、径向切宽 a_e 对 $g_{c,1}$、$g_{c,2}$ 的影响可以计算得到铣削过程中实际的 a_p、a_e。在式

(3.8)中,铣刀齿数为刀具固定属性参数,在铣削加工过程中不随时间变化。铣削轴向切深和径向切宽在铣削加工过程中实时变化,并且无法在加工之前准确预测。

以逆铣过程为例,根据式(3.8)可得

$$\frac{g_{c,2}}{g_{c,1}} = \frac{\sin2\varphi_{j,st} - \sin2\varphi_{j,ex} - 2(\varphi_{j,st} - \varphi_{j,ex})}{\cos2\varphi_{j,st} - \cos2\varphi_{j,ex}} \tag{3.11}$$

逆铣过程中 $\varphi_{j,st}=0$,式(3.11)可简化为

$$\frac{g_{c,2}}{g_{c,1}} = \frac{-\sin\varphi_{j,ex} \cdot \cos\varphi_{j,ex} + \varphi_{j,ex}}{\sin^2\varphi_{j,ex}} \tag{3.12}$$

定义函数 $f(x)$:

$$f(x) = \frac{-\sin x \cdot \cos x + x}{\sin^2 x} \tag{3.13}$$

函数 $f(x)$ 在区间 $(0,\pi)$ 上单调递增。在区间 $(0,\pi)$ 上函数 $f(x)$ 的最小值为 $\lim\limits_{x\to0}f(x)=0$,函数 $f(x)$ 的最大值为 $\lim\limits_{x\to\pi}f(x)=+\infty$。根据以上结论可知,式(3.12)中等号右边是关于 $\varphi_{j,ex}$ 的单调递增函数。此时,根据式(3.12)中等号右边表达式可以确定唯一的 $\varphi_{j,ex}$,将确定的 $\varphi_{j,ex}$ 代入式(3.8)中可以求得与之对应的唯一的 a_p。又根据切出角与径向切宽的关系 $\varphi_{j,ex}=\arccos[(R-a_e)/R]$,可以求得与之对应的唯一的 a_e。

综上分析可以得到,当给出一组 $g_{c,1}$、$g_{c,2}$ 时,存在且唯一存在一组 a_p、a_e 与之对应,即可以建立 $g_{c,1}$、$g_{c,2}$ 到铣削轴向切深 a_p、径向切宽 a_e 的映射关系。因此,铣削过程中的 a_p 及 a_e 可以通过 $g_{c,1}$、$g_{c,2}$ 到 a_p、a_e 的映射关系得到。根据该影响关系的离散形式插值 $g_{c,1}$、$g_{c,2}$ 到 a_p、a_e 的映射关系,插值结果如图 3.3 所示。

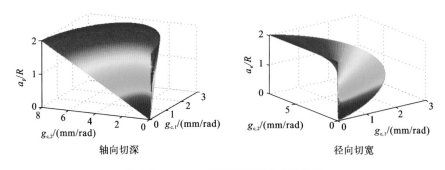

图 3.3 $g_{c,1}$、$g_{c,2}$ 到切深切宽的映射关系

至此,在加工过程中主动激励每齿进给量 f_z,同时监测主动激励前后的铣削力可以得到侦测响应方程。根据该响应方程可以计算求得平均剪切作用力的几何影响矩阵 G_c,通过 a_p、a_e 对矩阵 G_c 的影响关系的逆映射可以计算得到铣削轴向切深及径向切宽,实现铣削过程中动态轴向切深、径向切宽的侦测识别。

3.4 铣刀磨损状态的侦测识别方法

在铣削加工过程中,影响铣削力的时变工况因素包括刀具的磨损状态和铣削参数。其中,铣削参数(每齿进给量、轴向切深、径向切宽)可以通过在编程时设定或在线识别得到,即可以将铣削参数及刀具磨损状态对铣削力的耦合影响解耦。根据铣削力模型,可进一步在铣削参数及刀具磨损状态的耦合项中将铣削参数分离出来,并根据已经识别得到的铣削参数求解刀具磨损状态对铣削力的影响项。通过计算刀具磨损状态对铣削力的影响项,得到当前的刀具磨损状态。

3.4.1 刀具磨损的检测方法

工业生产中,刀具磨损状态的检测方法主要有直接测量法和间接测量法两种。直接测量法一般是采用某些测量方法对刀具的磨损区域进行直接测量并获取刀具的磨损状态,最常用的就是光学测量法。基于光学原理的测量方法一般具有非常好的测量精度,但是测量过程与数据处理工作量较大,测量效率较低。此外,在测量铣削加工过程中的刀具磨损时,这种方法容易受到切削液、切屑等的干扰而导致测量结果不准确。间接测量法一般是通过对一些与刀具磨损过程相关的切削过程信号进行监测来间接推断刀具的磨损状态,例如测量与刀具磨损相关的加工过程中的切削力、振动、功率等信号。间接测量法的优点是可以实现在线状态的快速监测,但由于受到其他非磨损因素的影响,其准确度没有直接测量法的高。从工业现场的应用来看,间接测量法更适用于对加工过程中刀具磨损的监测。这也是近年来学术界和工业界重点发展的方向。

3.4.2 磨损刀具的铣削力模型

3.4.2.1 磨损状态下的铣削力模型

在铣削过程中,前刀面上剪切作用引起的剪切作用力和后刀面磨损引起的摩擦力、挤压力共同作用于刀具,形成铣削力。在这里将后刀面磨损引起的摩擦力和挤压力统称为摩擦效应力。根据已有的铣削模型,剪切作用力与材料的未变形切屑厚度有关,而后刀面磨损对其影响则不考虑。摩擦效应力是由后刀面与加工形成表面之间摩擦和挤压产生的,因此摩擦效应力与刀具后刀面磨损量有关,而与材料未变形切屑厚度无关。刀齿微元的铣削力分析如图 3.4 所示。

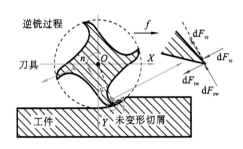

图 3.4　刀齿微元铣削力分析

1. 剪切作用力模型

将刀具沿刀轴方向离散为刀齿微元。铣刀的第 j 个齿在刀具转角为 φ、高度为 z 的微元上的剪切作用力可以表示为[2]

$$\begin{cases} \mathrm{d}F_{j,\mathrm{tc}}(\varphi_j(z)) = K_{\mathrm{tc}}h(\varphi_j(z))\mathrm{d}z \\ \mathrm{d}F_{j,\mathrm{rc}}(\varphi_j(z)) = K_{\mathrm{rc}}h(\varphi_j(z))\mathrm{d}z \\ \mathrm{d}F_{j,\mathrm{ac}}(\varphi_j(z)) = K_{\mathrm{ac}}h(\varphi_j(z))\mathrm{d}z \end{cases} \tag{3.14}$$

式中:$\mathrm{d}F_{j,\mathrm{tc}}(\varphi_j(z))$、$\mathrm{d}F_{j,\mathrm{rc}}(\varphi_j(z))$、$\mathrm{d}F_{j,\mathrm{ac}}(\varphi_j(z))$ 分别为刀具所受的切向、径向和轴向剪切作用力;K_{tc}、K_{rc}、K_{ac} 分别为切向、径向和轴向剪切力系数;$h(\varphi_j(z))$ 为刀齿在 $\varphi_j(z)$ 角度的未变形切屑厚度;$\varphi_j(z)$ 为高度 z 上轴向微元的第 j 个齿的旋转角。微元剪切作用力可以变换到 $OXYZ$ 坐标系中。

2. 摩擦效应力模型

根据 Teitenberg 的理论[3],后刀面磨损对轴向铣削力的影响可以忽略,因此在摩擦效应力模型中只考虑 OXY 平面内的力。刀具轴向微元受到的摩擦力、挤压力可以表示为刀具后刀面磨损量 VB 的函数,即

$$\begin{cases} \mathrm{d}F_{\mathrm{tw}} = F_{\mathrm{tw}}(\mathrm{VB})\mathrm{d}z \\ \mathrm{d}F_{\mathrm{rw}} = F_{\mathrm{rw}}(\mathrm{VB})\mathrm{d}z \end{cases} \tag{3.15}$$

式中:$\mathrm{d}F_{\mathrm{tw}}$ 和 $\mathrm{d}F_{\mathrm{rw}}$ 分别为单个刀齿在微元 $\mathrm{d}z$ 上的切向摩擦力和法向挤压力;$F_{\mathrm{tw}}(\mathrm{VB})$ 和 $F_{\mathrm{rw}}(\mathrm{VB})$ 分别为单位刀刃长度上的摩擦力和挤压力,两者都与刀具后刀面磨损量 VB 相关。

3.4.2.2 摩擦效应力的分布规律

单位刀刃长度上的摩擦力、挤压力可以表示为

$$
\begin{cases}
F_{\text{tw}}(\text{VB}) = \displaystyle\int_0^{\text{VB}} \tau(x)\,\mathrm{d}x \\
F_{\text{rw}}(\text{VB}) = \displaystyle\int_0^{\text{VB}} \sigma(x)\,\mathrm{d}x
\end{cases}
\tag{3.16}
$$

式中：$\tau(x)$ 和 $\sigma(x)$ 分别为后刀面上与刀刃距离为 x 处的切应力和正应力。

如图 3.5 所示，根据 Lapsley[4] 和 Waldorf[5] 的研究，磨损的后刀面与工件材料的接触区域分为塑性流动区和弹性接触区。在塑性流动区，切应力与正应力均为恒定值 τ_0、σ_0。在弹性接触区，应力按照二次型规律分布[6]。

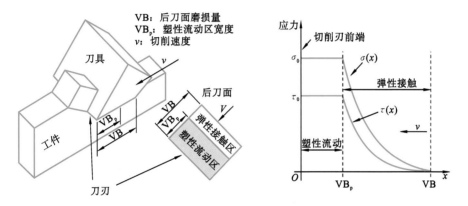

图 3.5 后刀面磨损及应力分布

当 $0 < x < \text{VB}_{\text{p}}$ 时，接触区域处于塑性流动区，其应力分布为

$$
\begin{cases}
\tau(x) = \tau_0 \\
\sigma(x) = \sigma_0
\end{cases}
\tag{3.17}
$$

当 $\text{VB}_{\text{p}} < x < \text{VB}$ 时，接触区域处于弹性接触区，其应力分布为

$$
\begin{cases}
\tau(x) = \tau_0 \left(\dfrac{\text{VB} - x}{\text{VB} - \text{VB}_{\text{p}}} \right)^2 \\
\sigma(x) = \sigma_0 \left(\dfrac{\text{VB} - x}{\text{VB} - \text{VB}_{\text{p}}} \right)^2
\end{cases}
\tag{3.18}
$$

式中：x 为后刀面上某处距刀刃的距离。

根据 Smithey 的研究[7]，当磨损达到一定量之后，弹性接触区的宽度保持不变，塑性流动区的宽度随着磨损量的增大而增大，即

$$VB_p = \begin{cases} 0 & VB < VB^* \\ VB - VB^* & VB \geqslant VB^* \end{cases} \qquad (3.19)$$

式中：VB^* 为弹性接触区的固定宽度。

将式(3.17)至式(3.19)代入式(3.16)中，积分得到单位刀刃长度上的摩擦力、挤压力。

当 $VB < VB^*$ 时，有

$$\begin{cases} F_{tw}(VB) = \dfrac{\tau_0}{3} \cdot VB \\[3mm] F_{rw}(VB) = \dfrac{\sigma_0}{3} \cdot VB \end{cases} \qquad (3.20)$$

当 $VB \geqslant VB^*$ 时，有

$$\begin{cases} F_{tw}(VB) = \tau_0 \left(VB - \dfrac{2}{3} VB^* \right) \\[3mm] F_{rw}(VB) = \sigma_0 \left(VB - \dfrac{2}{3} VB^* \right) \end{cases} \qquad (3.21)$$

3.4.2.3　磨损铣刀的平均铣削力

1. 磨损铣刀的合力

刀具整体受到的合力为剪切作用力和摩擦效应力的和，即

$$\boldsymbol{F} = \boldsymbol{F}_c + \boldsymbol{F}_w \qquad (3.22)$$

在刀具轴向切深范围 $[z_{j,1}(\varphi_j), z_{j,2}(\varphi_j)]$ 内对各个刀齿微元所受的力进行积分，即可得到每个刀齿所受的剪切作用力和摩擦效应力：

$$\begin{cases} F_{j,xc}(\varphi_j) = \dfrac{f_z}{4k_\beta} \left\{ -K_{tc}\cos(2\varphi_j(z)) + K_{rc}[2\varphi_j(z) - \sin(2\varphi_j(z))] \right\}_{z_{j,1}(\varphi_j)}^{z_{j,2}(\varphi_j)} \\[4mm] F_{j,yc}(\varphi_j) = -\dfrac{f_z}{4k_\beta} \left\{ K_{tc}[2\varphi_j(z) - \sin(2\varphi_j(z))] + K_{rc}\cos(2\varphi_j(z)) \right\}_{z_{j,1}(\varphi_j)}^{z_{j,2}(\varphi_j)} \\[4mm] F_{j,zc}(\varphi_j) = \dfrac{f_z}{k_\beta} \left\{ K_{ac}\cos(\varphi_j(z)) \right\}_{z_{j,1}(\varphi_j)}^{z_{j,2}(\varphi_j)} \end{cases}$$

$$(3.23)$$

$$\begin{cases} F_{j,xw}(\varphi_j) = \dfrac{1}{k_\beta} \left\{ F_{tw}(VB)\sin(\varphi_j(z)) - F_{rw}(VB)\cos(\varphi_j(z)) \right\}_{z_{j,1}(\varphi_j)}^{z_{j,2}(\varphi_j)} \\[4mm] F_{j,yw}(\varphi_j) = \dfrac{1}{k_\beta} \left\{ F_{tw}(VB)\cos(\varphi_j(z)) + F_{rw}(VB)\sin(\varphi_j(z)) \right\}_{z_{j,1}(\varphi_j)}^{z_{j,2}(\varphi_j)} \end{cases}$$

$$(3.24)$$

式中：$k_\beta = \tan\beta / R$ 为刀具几何系数，β 为铣刀螺旋角，R 为铣刀半径。

从而，铣刀刀齿所受的合力为

$$\begin{cases} F_{j,x}(\varphi_j) = F_{j,xc}(\varphi_j) + F_{j,xw}(\varphi_j) \\ F_{j,y}(\varphi_j) = F_{j,yc}(\varphi_j) + F_{j,yw}(\varphi_j) \\ F_{j,z}(\varphi_j) = F_{j,zc}(\varphi_j) \end{cases} \tag{3.25}$$

2. 磨损铣刀的平均铣削力

由于后刀面磨损对轴向铣削力的影响较小[1],因此分别对 X、Y 方向的铣削力取平均值,其表达式为

$$\begin{cases} \overline{F_{j,x}} = \overline{F_{j,xc}} + \overline{F_{j,xw}} \\ \overline{F_{j,y}} = \overline{F_{j,yc}} + \overline{F_{j,yw}} \end{cases} \tag{3.26}$$

平均剪切作用力的表达式为

$$\begin{cases} \overline{F_{j,xc}} = \dfrac{N}{2\pi} \cdot \displaystyle\int_{\varphi_{j,\text{st}}}^{\varphi_{j,\text{ex}} + a_p k_\beta} F_{j,xc}(\varphi_j)\,\mathrm{d}\varphi_j \\ \overline{F_{j,yc}} = \dfrac{N}{2\pi} \cdot \displaystyle\int_{\varphi_{j,\text{st}}}^{\varphi_{j,\text{ex}} + a_p k_\beta} F_{j,yc}(\varphi_j)\,\mathrm{d}\varphi_j \end{cases} \tag{3.27}$$

平均摩擦效应力的表达式为

$$\begin{cases} \overline{F_{j,xw}} = \dfrac{N}{2\pi} \cdot \displaystyle\int_{\varphi_{j,\text{st}}}^{\varphi_{j,\text{ex}} + a_p k_\beta} F_{j,xw}(\varphi_j)\,\mathrm{d}\varphi_j \\ \overline{F_{j,yw}} = \dfrac{N}{2\pi} \cdot \displaystyle\int_{\varphi_{j,\text{st}}}^{\varphi_{j,\text{ex}} + a_p k_\beta} F_{j,yw}(\varphi_j)\,\mathrm{d}\varphi_j \end{cases} \tag{3.28}$$

式中:N 为铣刀齿数。

将磨损刀具铣削力模型中铣削力的计算表达式代入式(3.27)和式(3.28)中得到计算结果。整个铣刀的平均铣削力与单个刀齿的平均铣削力相等,可将整个铣刀的平均铣削力写成每齿进给量 f_z 的线性函数形式,即式(3.5)。

平均摩擦效应力的几何影响矩阵受刀具参数、铣削啮合形式、工艺参数等的影响,其表达式为

$$\boldsymbol{G}_\text{w} = \begin{bmatrix} -g_{\text{w},1} & g_{\text{w},2} \\ -g_{\text{w},2} & -g_{\text{w},1} \end{bmatrix} = \frac{Na_p}{2\pi} \begin{bmatrix} \sin\varphi_{j,\text{ex}} - \sin\varphi_{j,\text{st}} & \cos\varphi_{j,\text{st}} - \cos\varphi_{j,\text{ex}} \\ \cos\varphi_{j,\text{ex}} - \cos\varphi_{j,\text{st}} & \sin\varphi_{j,\text{ex}} - \sin\varphi_{j,\text{st}} \end{bmatrix}$$

$$\tag{3.29}$$

铣削力的刀具磨损影响矩阵受刀具磨损状态、工件材料与刀具涂层等的影响,可以表示为

$$\boldsymbol{F}_\text{w}(\text{VB}) = \begin{bmatrix} F_{\text{tw}}(\text{VB}) \\ F_{\text{rw}}(\text{VB}) \end{bmatrix} \tag{3.30}$$

3.4.3　识别过程分析

根据方程组(3.5)求解包含平均铣削力中平均摩擦效应力的几何影响矩阵

最小二乘求解结果为

$$VB = \frac{3\begin{bmatrix} \tau_0 & \sigma_0 \end{bmatrix} \cdot \boldsymbol{F}_w(VB)}{\begin{bmatrix} \tau_0 & \sigma_0 \end{bmatrix} \cdot \begin{bmatrix} \tau_0 & \sigma_0 \end{bmatrix}^T} \tag{3.36}$$

对式(3.21)进行最小二乘求解。此时,单位刀刃长度上的摩擦力和挤压力的取值范围是

$$\begin{cases} F_{tw}(VB) \geqslant \dfrac{\tau_0}{3} \cdot VB^* \\[2mm] F_{rw}(VB) \geqslant \dfrac{\sigma_0}{3} \cdot VB^* \end{cases} \tag{3.37}$$

最小二乘求解结果为

$$VB = \frac{2}{3} VB^* + \frac{\begin{bmatrix} \tau_0 & \sigma_0 \end{bmatrix} \cdot \boldsymbol{F}_w(VB)}{\begin{bmatrix} \tau_0 & \sigma_0 \end{bmatrix} \cdot \begin{bmatrix} \tau_0 & \sigma_0 \end{bmatrix}^T} \tag{3.38}$$

对于具体的刀具与工件材料的组合,参数 VB^*、τ_0、σ_0 可以在工艺知识库中匹配获取或者通过实验获取。

3.5　基于现场监测数据的切削力系数辨识

切削力预测模型经过了较长时间的发展后,预测准确度有了很大的提高,也更加接近真实情况。但是,现有的切削力模型的基础仍然是描述材料变形特征的切削力系数。因此,获取准确的切削力系数是建立准确预测模型的基本前提。很多学者都对切削力系数辨识中存在的问题进行了研究,除去广泛应用的槽铣法、正交和斜角切削实验法,还发展了很多新的切削力系数的辨识方法。新的切削力系数辨识方法的提出,使得切削力系数的辨识能够在较为复杂的条件下进行。也就是说,实验设计中的切削力系数辨识可以更加接近实际加工工况。然而,实际加工工况条件极为复杂,存在很多影响与定量化因素一样明显却又不能直接定量化描述的影响因素,例如冷却条件就受到实际加工设备和零件开敞性的影响,而零件又不同于标定实验过程中的试件。此外,标定实验还有工作量比较大,获得的数据比较零散,每次预测分析都需要重复试验的问题。实际加工监测获得的数据虽然有质量较差的问题,但数据总量最为充足,具有数据来源广泛的优点,同时又包含较为丰富的加工信息,可以作为系数辨识的一个重要资源。因而,为了能够利用充足的实时加工数据,尽量考虑可量化的影响因素并消除不可量化因素的影响,需要可应用于在线辨识、能输出大量切削力系数提供给加工后统计处理的算法[8]。

3.5.1 考虑振动条件的切削力预测模型

3.5.1.1 理想条件下的切削力模型

首先,不考虑刀具的偏心、倾斜等条件,以传统方法将刀具沿轴向离散为多个微元,每个微元长度为 $\mathrm{d}l$。同时,将坐标系建立在刀具上,此坐标系是不同于机床坐标系的刀具坐标系 $O_c X_c Y_c Z_c$,切削力的预测将在这个坐标系内完成。X_c 是刀具进给方向,Z_c 是刀具轴向。在加工过程中,每个微元都进行斜角切削。如图 3.6 所示,每个微元的切削力被分解为切向力 F_t、径向力 F_r 和轴向力 F_a:

$$\begin{cases} \mathrm{d}F_t = K_{tc} h(\varphi) \mathrm{d}l + K_{te} \mathrm{d}l \\ \mathrm{d}F_r = K_{rc} h(\varphi) \mathrm{d}l + K_{re} \mathrm{d}l \\ \mathrm{d}F_a = K_{ac} h(\varphi) \mathrm{d}l + K_{ae} \mathrm{d}l \end{cases} \tag{3.39}$$

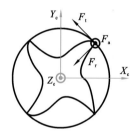

图 3.6 单一微元上的切削力

式中:K_{tc}、K_{rc}、K_{ac} 为剪切力系数;K_{te}、K_{re}、K_{ae} 为刃口力系数;$h(\varphi)$ 为瞬时未变形切屑厚度(IUCT),可以用带有每齿进给量 f_z 的公式近似表示,即

$$h(\varphi) = f_z \sin\varphi \tag{3.40}$$

将切削力转换到刀具坐标系中,整理得到

$$\begin{cases} \mathrm{d}F_{xc} = -\dfrac{K_{tc}\mathrm{d}l}{2} f_z \sin(2\varphi) - K_{te}\mathrm{d}l\cos\varphi - \dfrac{K_{rc}\mathrm{d}l}{2} f_z [1 - \cos(2\varphi)] - K_{re}\mathrm{d}l\sin\varphi \\ \mathrm{d}F_{yc} = \dfrac{K_{tc}\mathrm{d}l}{2} f_z [1 - \cos(2\varphi)] + K_{te}\mathrm{d}l\sin\varphi - \dfrac{K_{rc}\mathrm{d}l}{2} f_z \sin(2\varphi) + K_{re}\mathrm{d}l\cos\varphi \\ \mathrm{d}F_{zc} = K_{ac}\mathrm{d}l f_z \sin\varphi + K_{ae}\mathrm{d}l \end{cases}$$

$$\tag{3.41}$$

在某一时刻 t,一条切削刃与工件接触产生的力是由刀刃上所有微元所产生的,因而沿刀具轴向高度上积分即可获得一条刀刃上的切削力。经过换元积分得到

$$
\begin{cases}
F_{xc} = -\dfrac{K_{tc}}{4k_\beta}f_z\cos(2\varphi) + \dfrac{K_{te}}{k_\beta}\sin\varphi + \dfrac{K_{rc}}{4k_\beta}f_z[2\varphi - \sin(2\varphi)] - \dfrac{K_{re}}{k_\beta}\cos\varphi \Big|_{\varphi_1}^{\varphi_2} \\[4mm]
F_{yc} = -\dfrac{K_{tc}}{4k_\beta}f_z[2\varphi - \sin(2\varphi)] + \dfrac{K_{te}}{k_\beta}\cos\varphi - \dfrac{K_{rc}}{4k_\beta}f_z\cos(2\varphi) + \dfrac{K_{re}}{k_\beta}\sin\varphi \Big|_{\varphi_1}^{\varphi_2} \quad (3.42)\\[4mm]
F_{zc} = \dfrac{K_{ac}}{k_\beta}f_z\cos\varphi - \dfrac{K_{ae}}{k_\beta}\varphi \Big|_{\varphi_1}^{\varphi_2}
\end{cases}
$$

式中：φ_2 和 φ_1 是积分上下界,且由于刀刃的实际接触状态随着刀具的转动而变化,需要进行判断。用 l_1 表示积分开始的点距离刀具底部的高度,l_2 表示积分结束的点距离刀具底部的高度($l_1 \geqslant 0$,$l_2 \leqslant a_p$)。对切削而言,存在以下关系:刀刃与工件未接触时,$l_1 = 0$,$l_2 = 0$,则 $\varphi_1 = 0$,$\varphi_2 = 0$；刀刃与工件接触时,如图 3.7 所示,分为两种情况[8]。

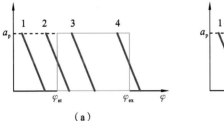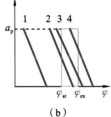

（a）　　　　　　　　　　　（b）

图 3.7　刀具接触情况

（1）如果 $\dfrac{2\tan\beta}{D}a_p \leqslant |\varphi_{st} - \varphi_{ex}|$,则

① 当 $\varphi_{st} < \varphi < \varphi_{st} + \dfrac{2\tan\beta}{D}a_p$ 时,$l_1 = 0$,$l_2 \neq 0$ 且 $l_2 \neq a_p$,则 $\varphi_1 = \varphi$,$\varphi_2 = \varphi - \dfrac{2\tan\beta}{D}l_2$；

② 当 $\varphi_{st} + \dfrac{2\tan\beta}{D}a_p \leqslant \varphi \leqslant \varphi_{ex}$ 时,$l_1 = 0$,$l_2 = a_p$,则 $\varphi_1 = \varphi$,$\varphi_2 = \varphi - \dfrac{2\tan\beta}{D}a_p$；

③ 当 $\varphi_{ex} < \varphi < \varphi_{ex} + \dfrac{2\tan\beta}{D}a_p$ 时,$l_1 \neq 0$,$l_2 \neq 0$,则 $\varphi_1 = \varphi_{ex}$,$\varphi_2 = \varphi - \dfrac{2\tan\beta}{D}a_p$。

（2）如果 $\dfrac{2\tan\beta}{D}a_p > |\varphi_{st} - \varphi_{ex}|$,则

① 当 $\varphi_{st} < \varphi < \varphi_{ex}$ 时,$l_1 = 0$,$l_2 \neq 0$ 且 $l_2 \neq a_p$,则 $\varphi_1 = \varphi$,$\varphi_2 = \varphi - \dfrac{2\tan\beta}{D}l_2$；

② 当 $\varphi_{ex} \leqslant \varphi \leqslant \varphi_{st} + \dfrac{2\tan\beta}{D}a_p$ 时,$l_1 \neq 0$,$l_2 \neq 0$,则 $\varphi_1 = \varphi_{ex}$,$\varphi_2 = \varphi_{st}$；

③ 当 $\varphi_{st} + \dfrac{2\tan\beta}{D}a_p < \varphi < \varphi_{ex} + \dfrac{2\tan\beta}{D}a_p$ 时,$l_1 \neq 0$,$l_2 = a_p$,则 $\varphi_1 = \varphi_{ex}$,$\varphi_2 = \varphi -$

$\dfrac{2\tan\beta}{D}a_{\mathrm{p}}$。

结合 sign 函数,可以得到以下公式:

$$\begin{cases} \varphi_1 = \left(\varphi - \dfrac{2\tan\beta}{D}l_1\right)\max\{\mathrm{sign}(l_1),\mathrm{sign}(l_2)\} \\[2mm] \varphi_2 = \left(\varphi - \dfrac{2\tan\beta}{D}l_2\right)\max\{\mathrm{sign}(l_1),\mathrm{sign}(l_2)\} \end{cases} \quad (3.43)$$

其中,l_1、l_2 的值可以由刀具-工件的几何接触算法给出,这时最终获得的 φ_1、φ_2 与刀具的位置角 φ 没有关系。因而,这个公式可以用于除槽铣以外的加工,此时 l_1、l_2 的值是时间的函数,也就可以得到以下公式:

$$\begin{cases} \varphi_1(t) = \left[\varphi(t) - \dfrac{2\tan\beta}{D}l_1(t)\right]\max\{\mathrm{sign}[l_1(t)],\mathrm{sign}[l_2(t)]\} \\[2mm] \varphi_2(t) = \left[\varphi(t) - \dfrac{2\tan\beta}{D}l_2(t)\right]\max\{\mathrm{sign}[l_1(t)],\mathrm{sign}[l_2(t)]\} \\[2mm] \varphi(t) = \omega t \end{cases} \quad (3.44)$$

这里的计算需要接触算法离散地给出多个时间点 $t_1,t_2,\cdots,t_n$ 上 $l_1(t)$ 和 $l_2(t)$ 的值,这些值组成了一个矩阵 $\boldsymbol{L}$。如果有多个刀刃,则需要多个矩阵,从而可以写出一个特定刀刃 i 的切削力:

$$\begin{cases} F_{xc,i}(t) = \dfrac{K_{\mathrm{tc}}}{4k_\beta}f(t)\left[-\cos(2\varphi_{2,i}(t)) + \cos(2\varphi_{1,i}(t))\right] \\[2mm] \qquad + \dfrac{K_{\mathrm{te}}}{k_\beta}\left[\sin(\varphi_{2,i}(t)) - \sin(\varphi_{1,i}(t))\right] \\[2mm] \qquad + \dfrac{K_{\mathrm{rc}}}{4k_\beta}f(t)\left[2\varphi_{2,i}(t) - \sin(2\varphi_{2,i}(t)) - 2\varphi_{1,i}(t) + \sin(2\varphi_{1,i}(t))\right] \\[2mm] \qquad + \dfrac{K_{\mathrm{re}}}{k_\beta}\left[-\cos(\varphi_{2,i}(t)) + \cos(\varphi_{1,i}(t))\right] \\[2mm] F_{yc,i}(t) = \dfrac{K_{\mathrm{tc}}}{4k_\beta}f(t)\left[-2\varphi_{2,i}(t) + \sin(2\varphi_{2,i}(t)) + 2\varphi_{1,i}(t)\right. \\[2mm] \qquad \left. -\sin(2\varphi_{1,i}(t))\right] + \dfrac{K_{\mathrm{te}}}{k_\beta}\left[\cos(\varphi_{2,i}(t)) - \cos(\varphi_{1,i}(t))\right] \\[2mm] \qquad + \dfrac{K_{\mathrm{rc}}}{4k_\beta}f(t)\left[-\cos(2\varphi_{2,i}(t)) + \cos(2\varphi_{1,i}(t))\right] \\[2mm] \qquad + \dfrac{K_{\mathrm{re}}}{k_\beta}\left[\sin(\varphi_{2,i}(t)) - \sin(\varphi_{1,i}(t))\right] \\[2mm] F_{zc,i}(t) = \dfrac{K_{\mathrm{ac}}}{k_\beta}f(t)\left[\cos(\varphi_{2,i}(t)) - \cos(\varphi_{1,i}(t))\right] + \dfrac{K_{\mathrm{ae}}}{k_\beta}\left[-\varphi_{2,i}(t) + \varphi_{1,i}(t)\right] \end{cases}$$

$$(3.45)$$

$$
\begin{cases}
\boldsymbol{L}_i = \begin{bmatrix} L_{1,i}(t) \\ L_{2,i}(t) \end{bmatrix} \\[2mm]
\varphi_{1,i}(t) = \left[\omega t - \dfrac{2\tan\beta}{D} L_{1,i}(t) \right] \max\{\operatorname{sign}[l_1(t)], \operatorname{sign}[l_2(t)]\} \\[2mm]
\varphi_{2,i}(t) = \left[\omega t - \dfrac{2\tan\beta}{D} L_{2,i}(t) \right] \max\{\operatorname{sign}[l_1(t)], \operatorname{sign}[l_2(t)]\} \\[2mm]
t = t_1, t_2, \cdots, t_n
\end{cases} \tag{3.46}
$$

当多个刀刃都有接触的时候,切削力可以表示为

$$
\begin{cases}
F_{xc}(t) = \displaystyle\sum_{i=1}^{N} F_{xc,i}(t) \\[3mm]
F_{yc}(t) = \displaystyle\sum_{i=1}^{N} F_{yc,i}(t) \\[3mm]
F_{zc}(t) = \displaystyle\sum_{i=1}^{N} F_{zc,i}(t)
\end{cases} \tag{3.47}
$$

3.5.1.2 振动条件下的未变形切屑厚度与切削力模型

实际加工过程中,由于刀具-主轴子系统刚度有限,刀具振动带来的动态位移不可避免。真实的刀具-主轴子系统可以看成一个包含多个截面、形状多变的复杂梁系统,该系统受到复杂支撑条件(轴承和机床结构)约束,其内部各个部分间的耦合关系也对子系统整体的动力学特性有明显影响。该系统在实际加工过程中受到的动力学激励为刀具端部受到的切削力。由于系统刚度有限,并且系统的内部组成关系和边界条件较为复杂,因此全系统的振动是在空间和时间中的连续过程。理论上在切削过程中,刀具-主轴子系统整体作为一个连续系统在切削力的作用下振动,但除刀具端部与工件接触区域的振动会在工件表面产生波纹并影响切削力的产生外,全系统其他部分的振动情况对切削过程的影响可以忽略。因此,可以将整个连续振动系统等效简化为一个由刀具端部构成的点振动系统。同时刀具-主轴子系统在垂直方向有极大的刚度,但沿刀具轴向、Z_c 方向的振动可以忽略不计。以多步等效简化为基础,连续的刀具-主轴子系统可以被简化为一个二自由度(2-DOF)的振动系统,如图 3.8 所示。在刀具坐标系内,这一二自由度系统的振动可以用一组微分方程来表示:

$$
\boldsymbol{M} \begin{bmatrix} \ddot{x}(t) \\ \ddot{y}(t) \end{bmatrix} + \boldsymbol{C} \begin{bmatrix} \dot{x}(t) \\ \dot{y}(t) \end{bmatrix} + \boldsymbol{K} \begin{bmatrix} x(t) \\ y(t) \end{bmatrix} = \begin{bmatrix} F_x(t) \\ F_y(t) \end{bmatrix} \tag{3.48}
$$

式中:$\boldsymbol{M}=\begin{bmatrix} m_{xx} & m_{xy} \\ m_{yx} & m_{yy} \end{bmatrix}$,为模态质量矩阵;$\boldsymbol{C}=\begin{bmatrix} c_{xx} & c_{xy} \\ c_{yx} & c_{yy} \end{bmatrix}$,为模态阻尼矩阵;$\boldsymbol{K}=\begin{bmatrix} k_{xx} & k_{xy} \\ k_{yx} & k_{yy} \end{bmatrix}$,为模态刚度矩阵。

忽略 x 方向和 y 方向的耦合作用,即一个方向的激励在另一个方向的影响,该系统可以表示为

$$\boldsymbol{M}\ddot{\boldsymbol{x}}(t)+\boldsymbol{C}\dot{\boldsymbol{x}}(t)+\boldsymbol{K}\boldsymbol{x}(t)=\boldsymbol{F}(t) \tag{3.49}$$

式中:$\boldsymbol{M}=\begin{bmatrix} m_x & 0 \\ 0 & m_y \end{bmatrix}$,$\boldsymbol{C}=\begin{bmatrix} c_x & 0 \\ 0 & c_y \end{bmatrix}$,$\boldsymbol{K}=\begin{bmatrix} k_x & 0 \\ 0 & k_y \end{bmatrix}$,$\boldsymbol{F}(t)=\begin{bmatrix} F_x(t) \\ F_y(t) \end{bmatrix}$,$\boldsymbol{x}(t)=\begin{bmatrix} x(t) \\ y(t) \end{bmatrix}$。式中除力和位移以外的系统动力学参数可以通过模态实验获得。

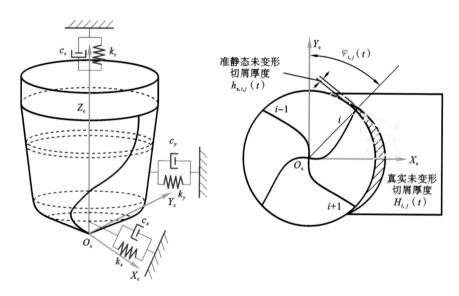

图 3.8　刀具子系统动力学模型与动态切屑厚度

刀具振动导致了刀具位置的变化,改变了刀具切削过程中的未变形切屑厚度,从而导致了切削力的动态变化。在图 3.8 中,无振动条件下刀具切削产生的新加工表面即为黑色实线,无振动条件下刀具的负载由准静态未变形切屑厚度决定,用 $h_{s,i,j}(\varphi_{i,j}(t),\kappa_{i,j})$ 表示。当刀具正在振动的时候,切削刃会使新加工的表面变成波纹状。加工过程中的未变形切屑厚度不仅仅受到刀具瞬时振动位移的影响,而且也受到前一切削刃在切削上表面遗留波纹的影响。为了能够

将刀具振动的影响在切削力的计算中表现出来,可以在理论每齿进给量上附加一个动态进给量:

$$f_v(t) = x(t) - x(t-T) = \begin{bmatrix} x(t) - x(t-T) \\ y(t) - y(t-T) \end{bmatrix} \tag{3.50}$$

式中:T 为连续两个刀齿切入的时间差,$T = \dfrac{\varphi_P}{w}$,其中,φ_P 为刀具相邻两齿之间的齿间角。$x(t)$ 和 $y(t)$ 分别为刀具在 x 和 y 方向的振动位移。

另外一个需要考虑的情况是,当振动的幅度达到一定值,超过了理论每齿进给量时,刀具会脱离工件,而未切除的材料会直接增加下一个刀齿的切削负载。更加极端的情况是,有多个刀齿因振动连续脱离工件,那么附加进给量就与上一个切入的刀齿所在的位置相关,这个位置可以表示为

$$x_P(t) = \begin{bmatrix} x_P(t) \\ y_P(t) \end{bmatrix} = \begin{bmatrix} \min\{x(t-T), x(t-2T), \cdots, x(t-KT)\} \\ \min\{y(t-T), y(t-2T), \cdots, y(t-KT)\} \end{bmatrix}$$
$$\tag{3.51}$$

这样,产生未变形切屑厚度动态变化的附加进给量可以表示为

$$f_v(t) = x(t) - x_P(t) = \begin{bmatrix} \Delta x(t) \\ \Delta y(t) \end{bmatrix} = \begin{bmatrix} x(t) - x_P \\ y(t) - y_P \end{bmatrix} \tag{3.52}$$

式(3.52)中的 f_v 实现了考虑刀齿连续切入的时滞耦合效应,同时消除了刀具振动方程中的时滞耦合项。最终,在第 i 个刀齿的第 j 个微元上的动态未变形切屑厚度为

$$h_{d,i,j}(\varphi_{i,j}(t), \kappa_{i,j}) = [\sin(\varphi_{i,j}(t))\sin(\kappa_{i,j}) \quad \cos(\varphi_{i,j}(t))\sin(\kappa_{i,j})] f_v(t)$$
$$\tag{3.53}$$

式中:$\kappa_{i,j}$ 为轴向浸入角。

记 $ds_{i,j}$ 为刀具第 i 个刀齿的第 j 个微元的长度,$db_{i,j}$ 为刀具第 i 个刀齿的第 j 个微元的切屑厚度,根据动态未变形切屑厚度,微元切削力可以写成如下形式:

$$\begin{bmatrix} F_{t,i,j}(t) \\ F_{r,i,j}(t) \\ F_{a,i,j}(t) \end{bmatrix} = g(\varphi_{i,j}(t)) \begin{bmatrix} K_{tc}H(\varphi_{i,j}(t), \kappa_{i,j})db_{i,j} + K_{te}ds_{i,j} \\ K_{rc}H(\varphi_{i,j}(t), \kappa_{i,j})db_{i,j} + K_{re}ds_{i,j} \\ K_{ac}H(\varphi_{i,j}(t), \kappa_{i,j})db_{i,j} + K_{ae}ds_{i,j} \end{bmatrix}$$

$$H_{i,j}(t) = h_{s,i,j}(\varphi_{i,j}(t), \kappa_{i,j}) + h_{d,i,j}(\varphi_{i,j}(t), \kappa_{i,j}) \tag{3.54}$$

其中,$H_{i,j}(t)$ 为作用在前刀面上的真实未变形切屑厚度。作用在整个刀具上的切削力为所有切入微元上切削力的和:

$$\begin{bmatrix} F_x(t) \\ F_y(t) \\ F_z(t) \end{bmatrix} = \sum_{i=1}^{N} \sum_{j=1}^{M} g(\varphi_{i,j}(t)) \boldsymbol{T}(\varphi_{i,j}(t), z_j) \begin{bmatrix} F_{\mathrm{t},i,j}(t) \\ F_{\mathrm{r},i,j}(t) \\ F_{\mathrm{a},i,j}(t) \end{bmatrix} \tag{3.55}$$

由于振动和切削力的耦合效应,预测流程是一个非线性的过程,其中系统动力学方程的求解可以通过经典四阶龙格-库塔(Runge-Kutta)法完成,并设初值为0(包括速度和位移的初值)。同时,仿真过程中使用的时间步长和实验过程中由采样频率确定的时间步长一致。预测的基本流程如下:

(1) 在每一个时间点 t_k,同时计算确定刀具的转动角度 φ、切入微元的个数 M 以及每个微元的切入角 $\varphi_{j,\mathrm{st}}(t_k)$ 和切出角 $\varphi_{j,\mathrm{ex}}(t_k)$;

(2) 与此同时,获得相对于现在时间点的前一个刀具从工件切除材料的位置 $x_{\mathrm{p}}(t_k)$;

(3) 获得刀具微元的位置角度 $\varphi_{i,j}(t_k)$ 并判断微元切入与否的 $g(\varphi_{i,j}(t_k))$ 后,计算当前刀具位置 $x(t_k)$ 和每一个微元上的切削力 $F_{\mathrm{t},i,j}(t_k)$、$F_{\mathrm{r},i,j}(t_k)$、$F_{\mathrm{a},i,j}(t_k)$;

(4) 存储实时的切削力 $F_x(t_k)$、$F_y(t_k)$、$F_z(t_k)$ 和刀具振动位移 $x(t_k)$、$y(t_k)$ 及速度 $\dot{x}(t_k)$、$\dot{y}(t_k)$,用于后面的计算;

(5) 如果所有的预测计算时间步均计算完成,算法终止并输出结果;否则,跳回第(1)步。

与传统计算方法中简单地将每个微元上的力相加不同,这个计算流程必不可少的环节为伴随切削力的计算求解刀具的振动(第(4)步)。在求解每一个刀具微元切削力之前,前面一个刀具切入工件的位置需要从存储的数据中筛选出来(第(2)步)。

当轴向切深 a_{p} 足够小(根据经验,一般为 1~2 mm)时,a_{p} 可以约等于一个刀具微元的长度 $\mathrm{d}z$,同时,a_{e} 也足够保证在任何时刻只有一个刀刃与工件接触。这种状态在加工钛合金和高温合金的时候相对比较常见。此时,切削力模型可以简化为

$$\begin{bmatrix} F_x(t) \\ F_y(t) \\ F_z(t) \end{bmatrix} = \sum_{i=1}^{N} g(\varphi_i(t)) \boldsymbol{T}(\varphi_i(t), z) \begin{bmatrix} K_{\mathrm{tc}} H_i(t) \mathrm{d}b + K_{\mathrm{te}} \mathrm{d}s \\ K_{\mathrm{rc}} H_i(t) \mathrm{d}b + K_{\mathrm{re}} \mathrm{d}s \\ K_{\mathrm{ac}} H_i(t) \mathrm{d}b + K_{\mathrm{ae}} \mathrm{d}s \end{bmatrix} \tag{3.56}$$

式中:

$$\boldsymbol{T}(\varphi_{i,j}(t), z_j) = \begin{bmatrix} -\cos(\varphi_{i,j}(t)) & -\sin(\varphi_{i,j}(t))\sin(\kappa_{i,j}) & -\sin(\varphi_{i,j}(t))\cos(\kappa_{i,j}) \\ \sin(\varphi_{i,j}(t)) & -\cos(\varphi_{i,j}(t))\sin(\kappa_{i,j}) & -\cos(\varphi_{i,j}(t))\sin(\kappa_{i,j}) \\ 0 & -\cos(\varphi_{i,j}(t)) & -\sin(\varphi_{i,j}(t)) \end{bmatrix}$$

此时,接触计算只要给出切入角 φ_{st}、切出角 φ_{ex} 和接触刀齿的位置角度 φ 即可:当 $\varphi_{st}\leqslant\varphi\leqslant\varphi_{ex}$ 时,$\delta=1$;否则,$\delta=0$。

3.5.2　考虑振动条件的切削力系数辨识模型

许多学者将加工过程中的振动条件加入考虑,从而可更为真实、准确地预测工艺系统的动态响应。与此同时,这种对实际加工条件更为充分的考虑也为更加接近真实工况条件下的切削力系数辨识提供了一种思路[9]。

3.5.2.1　切削力辨识模型

加工过程中,可以直接获得每一个时刻 t_i 的力,这样就建立了对应关系:

$$\begin{bmatrix} F_{tc}(t_i) \\ F_{rc}(t_i) \\ F_{ac}(t_i) \end{bmatrix} = \begin{bmatrix} [K_{tc}h_{ac}(t_i)+K_{te}]a_p \\ [K_{rc}h_{ac}(t_i)+K_{re}]a_p \\ [K_{ac}h_{ac}(t_i)+K_{ae}]a_p \end{bmatrix} = \begin{bmatrix} -\cos\varphi(t_i) & -\sin\varphi(t_i) & 0 \\ \sin\varphi(t_i) & -\cos\varphi(t_i) & 0 \\ 0 & 0 & 1 \end{bmatrix}^{-1} \begin{bmatrix} F_{xt}(t_i) \\ F_{yt}(t_i) \\ F_{zt}(t_i) \end{bmatrix}$$

$$(3.57)$$

上式中,未知变量有 K_{tc}、K_{te}、K_{rc}、K_{re}、K_{ac}、K_{ae} 六个,因此至少需要六个方程来求解,一个点上的力是不足以求出这么多未知变量的。设在刀具旋转一周的时间内,采集的数据有 n 个,当数据采集频率足够高的时候,$3n>6$ 很容易满足。此时可以获得一组方程:

$$\begin{bmatrix} \begin{bmatrix} K_{tc}h_{ac}(\varphi(t_1))+K_{te} \\ K_{tc}h_{ac}(\varphi(t_2))+K_{te} \\ \vdots \\ K_{tc}h_{ac}(\varphi(t_n))+K_{te} \end{bmatrix}_{n\times 1} \\ \begin{bmatrix} K_{rc}h_{ac}(\varphi(t_1))+K_{re} \\ K_{rc}h_{ac}(\varphi(t_2))+K_{re} \\ \vdots \\ K_{rc}h_{ac}(\varphi(t_n))+K_{re} \end{bmatrix}_{n\times 1} \\ \begin{bmatrix} K_{ac}h_{ac}(\varphi(t_1))+K_{ae} \\ K_{ac}h_{ac}(\varphi(t_2))+K_{ae} \\ \vdots \\ K_{ac}h_{ac}(\varphi(t_n))+K_{ae} \end{bmatrix}_{n\times 1} \end{bmatrix} = \begin{bmatrix} \frac{1}{a_p}\begin{bmatrix} F_{tc}(t_1) \\ F_{tc}(t_2) \\ \vdots \\ F_{tc}(t_n) \end{bmatrix}_{n\times 1} \\ \frac{1}{a_p}\begin{bmatrix} F_{rc}(t_1) \\ F_{rc}(t_2) \\ \vdots \\ F_{rc}(t_n) \end{bmatrix}_{n\times 1} \\ \frac{1}{a_p}\begin{bmatrix} F_{ac}(t_1) \\ F_{ac}(t_2) \\ \vdots \\ F_{ac}(t_n) \end{bmatrix}_{n\times 1} \end{bmatrix}$$

$$(3.58)$$

改写为

$$
\begin{bmatrix} \boldsymbol{M} & \boldsymbol{0} & \boldsymbol{0} \\ \boldsymbol{0} & \boldsymbol{M} & \boldsymbol{0} \\ \boldsymbol{0} & \boldsymbol{0} & \boldsymbol{M} \end{bmatrix}_{3n \times 6} \begin{bmatrix} K_{tc} \\ K_{te} \\ K_{rc} \\ K_{re} \\ K_{ac} \\ K_{ae} \end{bmatrix} = \begin{bmatrix} \begin{bmatrix} F_{tc}(t_1) \\ F_{tc}(t_2) \\ \vdots \\ F_{tc}(t_n) \end{bmatrix} \\ \begin{bmatrix} F_{rc}(t_1) \\ F_{rc}(t_2) \\ \vdots \\ F_{rc}(t_n) \end{bmatrix} \\ \begin{bmatrix} F_{ac}(t_1) \\ F_{ac}(t_2) \\ \vdots \\ F_{ac}(t_n) \end{bmatrix} \end{bmatrix}_{3n \times 1}
\tag{3.59}
$$

很明显,方程组(3.59)是典型的正则方程组,可以使用最小二乘法求解。经过简单的矩阵运算,可以令 $\boldsymbol{A} = \boldsymbol{M}^{\mathrm{T}} \boldsymbol{M}$,$\boldsymbol{B}_p = \boldsymbol{M}^{\mathrm{T}} \begin{bmatrix} F_{pc}(t_1) & F_{pc}(t_2) & \cdots \end{bmatrix}$ $F_{pc}(t_n) \rbrack (p = \mathrm{t}, \mathrm{r}, \mathrm{a})$,则

$$
\begin{bmatrix} \boldsymbol{A} & \boldsymbol{0} & \boldsymbol{0} \\ \boldsymbol{0} & \boldsymbol{A} & \boldsymbol{0} \\ \boldsymbol{0} & \boldsymbol{0} & \boldsymbol{A} \end{bmatrix} \begin{bmatrix} K_{tc} \\ K_{te} \\ K_{rc} \\ K_{re} \\ K_{ac} \\ K_{ae} \end{bmatrix} = \begin{bmatrix} \boldsymbol{B}_t \\ \boldsymbol{B}_r \\ \boldsymbol{B}_a \end{bmatrix}
\tag{3.60}
$$

其中,
$$
\boldsymbol{A} = \begin{bmatrix} \sum_{i=1}^{n} h_{ac}(t_i)^2 & \sum_{i=1}^{n} h_{ac}(t_i) \\ \sum_{i=1}^{n} h_{ac}(t_i) & n \end{bmatrix}
$$

$$
\boldsymbol{B}_p = \begin{bmatrix} \sum_{i=1}^{n} h_{ac}(t_i) F_{pc}(t_i) \\ \sum_{i=1}^{n} F_{pc}(t_i) \end{bmatrix}
$$

直接求解即为

$$\begin{bmatrix} K_{tc} \\ K_{te} \\ K_{rc} \\ K_{re} \\ K_{ac} \\ K_{ae} \end{bmatrix} = \begin{bmatrix} \boldsymbol{A} & \boldsymbol{0} & \boldsymbol{0} \\ \boldsymbol{0} & \boldsymbol{A} & \boldsymbol{0} \\ \boldsymbol{0} & \boldsymbol{0} & \boldsymbol{A} \end{bmatrix}^{-1} \begin{bmatrix} \boldsymbol{B}_t \\ \boldsymbol{B}_r \\ \boldsymbol{B}_a \end{bmatrix} \tag{3.61}$$

3.5.2.2　刀具位移算法

刀具的二自由度振动模型可以直接用微分方程(3.48)表示,当测量获得实时变化的切削力后,可以通过求解微分方程组来获得刀具实时的位移。有微分方程组:

$$\begin{cases} m_x x''(t) + c_x x'(t) + k_x x(t) = F_x(t) \\ m_y y''(t) + c_y y'(t) + k_y y(t) = F_y(t) \end{cases} \tag{3.62}$$

做如下代换:

$$\begin{cases} x_1(t) = x'(t) \\ x_1(t_0) = x'(t_0) = x_1, \quad x(t_0) = x_0 \\ y_1(t) = y'(t) \\ y_1(t_0) = y'(t_0) = y_1, \quad y(t_0) = y_0 \end{cases} \tag{3.63}$$

以上问题转化为求解以下方程组:

$$\begin{cases} m_x x'_1(t) + c_x x_1(t) + k_x x(t) = F_x(t) \\ m_y y'_1(t) + c_y y_1(t) + k_y y(t) = F_y(t) \end{cases} \tag{3.64}$$

结合四级四阶经典 Runge-Kutta 公式:

$$\begin{cases} y_{n+1} = y_n + \dfrac{h}{6}(K_1 + 2K_2 + 2K_3 + K_4) \\ K_1 = f(x_n, y_n) \\ K_2 = f\left(x_n + \dfrac{1}{2}h, y_n + \dfrac{h}{2}K_1\right) \\ K_3 = f\left(x_n + \dfrac{1}{2}h, y_n + \dfrac{h}{2}K_2\right) \\ K_4 = f(x_n + h, y_n + hK_3) \end{cases} \tag{3.65}$$

最终整理可得 x 方向位移:

$$x_{k+1} = x_k + \frac{h}{6}(K_1 + 2K_2 + 2K_3 + K_4) \tag{3.66}$$

$$x_{1,k+1} = x_{1,k} + \frac{h}{6}(L_1 + 2L_2 + 2L_3 + L_4) \tag{3.67}$$

其中，

$$
\begin{cases}
K_1 = x_{1,k} \\
K_2 = x_{1,k} + \dfrac{h}{2}L_1 \\
K_3 = x_{1,k} + \dfrac{h}{2}L_2 \\
K_4 = x_{1,k} + \dfrac{h}{2}L_3
\end{cases}
\tag{3.68}
$$

$$
\begin{cases}
L_1 = f(t_k, x_k, x_{1,k}) = -\dfrac{c_x}{m_x}x_{1,k} - \dfrac{k_x}{m_x}x_k + \dfrac{F_x(t_k)}{m_x} \\[2mm]
L_2 = f\left(t_k + \dfrac{h}{2}, x_k + \dfrac{h}{2}K_1, x_{1,k} + \dfrac{h}{2}L_1\right) \\[2mm]
\quad = -\dfrac{c_x}{m_x}\left(x_{1,k} + \dfrac{h}{2}L_1\right) - \dfrac{k_x}{m_x}\left(x_k + \dfrac{h}{2}K_1\right) + \dfrac{F_x\left(t_k + \dfrac{h}{2}\right)}{m_x} \\[2mm]
L_3 = f\left(t_k + \dfrac{h}{2}, x_k + \dfrac{h}{2}K_2, x_{1,k} + \dfrac{h}{2}L_2\right) \\[2mm]
\quad = -\dfrac{c_x}{m_x}\left(x_{1,k} + \dfrac{h}{2}L_2\right) - \dfrac{k_x}{m_x}\left(x_k + \dfrac{h}{2}K_2\right) + \dfrac{F_x\left(t_k + \dfrac{h}{2}\right)}{m_x} \\[2mm]
L_4 = f(t_k + h, x_k + hK_3, x_{1,k} + hL_3) \\[2mm]
\quad = -\dfrac{c_x}{m_x}(x_{1,k} + hL_3) - \dfrac{k_x}{m_x}(x_k + hK_3) + \dfrac{F_x(t_k + h)}{m_x}
\end{cases}
\tag{3.69}
$$

同理可得 y 方向位移。取初始位移与速度为零，即可获得一定时间段内的振动位移。结合前两节内容，就可以计算刀具每一个周期的切削力系数。

本章参考文献

[1] 侯永锋. 铣削工况时变因素的侦测识别与学习优化方法 [D]. 西安：西北工业大学，2016.

[2] ALTINTAS Y. Manufacturing automation：metal cutting mechanics，machine tool vibration，and CNC design [M]. 2nd edition. New York：Cambridge University Press，2012.

[3] TEITENBERG T M，BAYOUMI A E，YUCESAN G. Tool wear modeling through an analytic mechanistic model of milling processes[J]. Wear，1992，154(2)：287-304.

[4] LAPSLEY J T，GRASSI R C，THOMSEN E G. Correlation of plastic deformation during metal cutting with tensile properties of the work material [J]. Transactions of the ASME，1950，72(7)：979-986.

[5] WALDORF D J. Shearing，ploughing，and wear in orthogonal machining [D]. Urbana：University of Illinois at Urbana-Champaign，1996.

[6] KAPOOR S G，DEVOR R E，ZHU R，et al. Development of mechanistic models for the prediction of machining performance：model building methodology[J]. Machining Science and Technology，1998，2(2)：213-238.

[7] SMITHEY D W，KAPOOR S G，DEVOR R E. A new mechanistic model for predicting worn tool cutting forces[J]. Machining Science and Technology，2001，5(1)：23-42.

[8] YAO Q，LUO M，ZHANG D，et al. Identification of cutting force coefficients in machining process considering cutter vibration[J]. Mechanical Systems and Signal Processing，2018，103：39-59.

[9] 姚琦. 考虑动力学影响的异构工艺系统切削力系数辨识方法 [D]. 西安：西北工业大学，2019.

第 4 章
工艺模型的学习优化

目前的研究中,针对切削过程及加工工艺系统的建模和分析都对系统进行了抽象与简化,这样虽然能够对加工过程及工艺系统进行描述,但由于实际过程和系统十分复杂,因此并不能对系统的响应进行准确的预测。具体表现在以下几个方面:

(1)实际加工过程中,刀具制造误差、材料批次差异等因素造成刀具磨损、表面状态等与试件实验结果差异显著,按理论模型计算得到的工艺参数窗口并不完全适用于实际情况,预测的系统响应也与实际加工中的刀具磨损、系统振动等有显著差异。

(2)航空发动机中的整体叶盘、环形机匣等零件结构复杂,加工中刀具与工件之间的接触状态、冷却状态、机床位姿等加工工况不断变化,实验室定常切削条件下的数据并不完全适用于变工况切削条件。

(3)复杂零件实际加工过程经常受到一些波动或干扰因素的影响,如工件材料中的硬质点、冷却压力波动以及未知的干扰因素等。预设模型通常未考虑这类因素的影响,从而无法有效地对波动或干扰因素造成的加工缺陷进行预测和控制。

因此,针对航空发动机关键构件的实际加工需求,有必要结合快速发展的传感、监测技术及数据处理方法,利用现场采集的数据进行学习,根据实际情况不断对理论模型进行修正,以及对加工过程进行优化,实现关键构件的高性能制造。例如,在刀具的磨损识别过程中,可以根据切削试验数据采用蒙特卡罗方法建立磨损相关系数与刀口不同形式磨损状态的概率映射关系,从而实现基于监测数据的刀具磨损状态评估。

4.1 加工工艺模型的学习优化方法

在实际的零件加工现场,有经验的操作人员可以根据自己观测到的加工状态信息如加工中产生的噪声、工件表面的纹理等判断加工过程是否合理,进而对工件的加工顺序、工艺参数或装夹方式等进行优化,同时,还可以对是否需要进行补偿加工或修正等进行判断。在新的零件批产之前,通过上述试切过程,不断改进工艺与参数,最终实现固化。

工艺模型的学习优化即参考了上述人工试切的方法,将人工的观测改为由传感器进行监测,将根据人工经验的优化改为由机器实现优化。如图 4.1 所示,在智能加工系统中,对于一个新的零件,一般首先结合经验数据和仿真优化方法给出较优的工艺参数。然后,采用传感器进行实际加工过程的监测,并建立监测数据与零件的加工时序和位置的映射,从而准确分析加工中存在的问题。在此基础上,采用设定的优化模型对加工过程进行优化,并将优化结果用于下一件产品的加工中。在接下来的一件产品的加工过程中,继续应用上述方法进行优化。最终,通过上述过程的反复应用,获得逐渐趋于稳定的、可以较为准确描述特定工件加工过程的工艺模型和工艺参数。

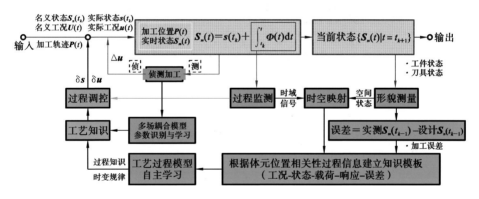

图 4.1　工艺模型学习优化方法的一般流程

上述学习优化方法可以应用于加工中的多个场景,包括加工工艺参数的优化、工艺系统模型参数的确定、变形误差补偿系数的确定等。上述过程的迭代,可以使工艺模型越用越好用,越用越准确。

4.2　加工过程数据的时空映射

智能加工系统中存在大量的现场监测数据,这些数据对分析工件几何模型或动力学特性演化及刀具磨损的演化具有重要作用,这些数据也是加工过程优化的基础。因此,智能加工中需要将加工过程数据进行时空映射,与工件的加工位置和时序对应起来[1]。

如图 4.2 所示,在进行工件的数控编程时,通过 CAM 编程可以得到 CLS 文件,CLS 文件通过后置处理得到 G 代码,G 代码通过机床执行生成机床的运动。G 代码中的每一行都可以与 CLS 文件中的每一行数据进行对应,而 CLS 文件中的每一行数据又可以与零件上的具体位置进行对应。数控机床在执行 G 代码时,实时的加工过程数据包括刀具-主轴子系统、工件-夹具子系统的数据,都可以被记录下来,即监测数据与 G 代码中的指令也可以准确对应。

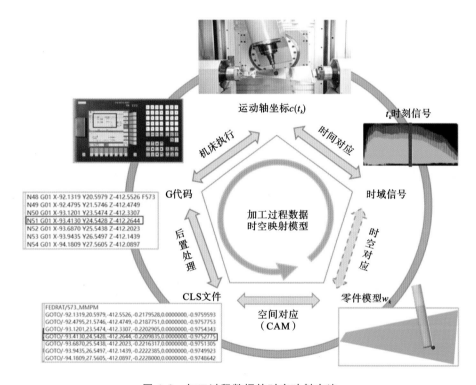

图 4.2 加工过程数据的时空映射方法

根据上述映射关系可知,监测信号可以与工件模型表面的具体位置进行准确映射,从而建立起加工过程数据的时空映射关系。

以航空发动机环形机匣为例,对机匣的整个加工过程进行时间离散。工艺系统空间离散的每一个深度体元,都有相应的加工过程信息与之对应,因此可建立加工过程信息与深度体元的空间映射关系[1]。

对于环形薄壁零件复杂的加工过程,可采用空间细分方法进行简化处理。将沿工件表面 U 和 V 方向划分的深度体元作为材料切除单元,而沿着刀位轨迹顺序连接的各个深度体元便构成了材料切除序列。该方法配合结构动力修改算法,可以计算沿材料切除序列的工艺系统动力学演化情况。同时,对单行刀位轨迹进行切削参数优选,可以保证该材料切除序列内的稳态切削。而与材料切除序列即加工过程相关的信息,包括工艺系统特性预测值如工艺系统的固有频率、法向刚度等和工艺参数优化初始值如稳态切削的主轴转速、轴向切深等信息,需要按照一定的格式存储到对应的深度体元中,其结果可为后续的环形薄壁零件加工过程在线调控以及学习进化提供基础数据。

图 4.3 所示为当前工步内的加工过程信息空间映射示意图。对于当前工步内材料切除序列上的某一时刻 t,深度体元 E 与之对应。当前切削位置对应的工件表面参数坐标为 u 和 v,对应的工艺系统固有频率为 ω_n,法向刚度为 k_z,该体元所在切削行对应的满足稳定加工条件的主轴转速为 n,轴向切深为 a_p,这些信息需要按照给定的存储格式进行记录。

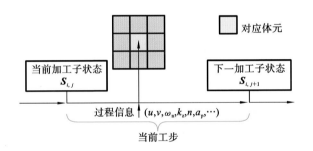

图 4.3 当前工步内的加工过程信息空间映射

沿材料切除序列对每个深度体元对应的加工过程信息进行存储,形成面向环形薄壁零件铣削过程动力学演化预测及动态响应控制的加工过程优化方案。加工过程信息可以按照体元位置、切削参数、模态特征、响应特征进行分类存储,如图 4.4 所示。所有这些信息构成了环形薄壁零件加工的工艺知识,可以通过知识挖掘、学习、进化等手段不断精化加工过程模型中的控制系数以及切削参数,最终形成稳定、可靠的工艺知识并记录在数据库中,以此指导实际生产,提高零件的加工质量和加工效率。

对于机匣从当前加工子状态 $S_{i,j}$ 到下一加工子状态 $S_{i,j+1}$ 的整个加工过程,可以按照材料切除序列建立加工过程几何参数、物理参数以及工艺参数与各个深度体元之间的空间映射,并将这些参数信息存储于各个深度体元之上,为后续的真实加工过程在线调控提供预测初始值。

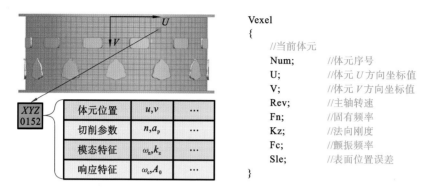

图 4.4 工艺知识记录

图 4.5 所示为机匣零件某段材料切除方案中切削行 l_5 对应的加工过程信息空间映射,详细的加工过程信息示例如表 4.1 所示。为便于描述空间映射过程,对机匣的外型面进行平面展开处理,则各个切削行中的材料切除单元可以顺序对应到切削段序列横轴上。切削段 $l_{5,1}$ 和 $l_{5,7}$ 对应的工件表面参数位置分别为(0.042,0.393)和(0.542,0.393),对应的固有频率分别为 1411 Hz 和 1380 Hz,对应的法向刚度分别为 3.973×10^7 N/m 和 3.873×10^7 N/m,对应的主轴转速分别为 3237 r/min 和 3173 r/min,对应的容错切深分别为 0.685 mm 和 0.672 mm,对应的绝对稳定切深分别为 0.149 mm 和 0.145 mm。需要注意的是,切削段 $l_{5,0}$ 表示切削行 l_4 已完成材料切除,而切削行 l_5 还未开始进行材料切除。

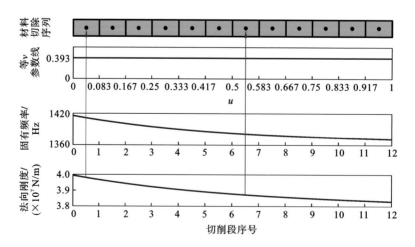

图 4.5 切削行 l_5 对应的加工过程信息空间映射

表 4.1　切削行 l_5 对应的加工过程信息

切削段序号	几何位置 (u, v)	固有频率 /Hz	法向刚度 /($\times 10^7$ N/m)	主轴转速 /(r/min)	容错切深 /mm	绝对稳定切深/mm
$l_{5,0}$	$(0.042, 0.393)$	1415	3.997	3244	0.688	0.150
$l_{5,1}$	$(0.042, 0.393)$	1411	3.973	3237	0.685	0.149
$l_{5,2}$	$(0.125, 0.393)$	1402	3.951	3217	0.681	0.148
$l_{5,3}$	$(0.208, 0.393)$	1395	3.932	3203	0.680	0.147
$l_{5,4}$	$(0.292, 0.393)$	1390	3.916	3192	0.677	0.146
$l_{5,5}$	$(0.375, 0.393)$	1386	3.899	3184	0.675	0.146
$l_{5,6}$	$(0.458, 0.393)$	1382	3.885	3176	0.673	0.145
$l_{5,7}$	$(0.542, 0.393)$	1380	3.873	3173	0.672	0.145
$l_{5,8}$	$(0.625, 0.393)$	1378	3.861	3169	0.670	0.144
$l_{5,9}$	$(0.708, 0.393)$	1376	3.853	3165	0.669	0.144
$l_{5,10}$	$(0.792, 0.393)$	1374	3.847	3161	0.669	0.144
$l_{5,11}$	$(0.875, 0.393)$	1372	3.839	3157	0.668	0.144
$l_{5,12}$	$(0.958, 0.393)$	1371	3.834	3155	0.667	0.143

　　按照上述方法,对机匣外型面的所有切削行进行加工过程信息空间映射,得到整个工序内沿材料切除序列的工艺系统特性预测值和工艺参数优化初始值。

　　图 4.6(a)所示为工件几何结构演化对应的法向刚度分布情况。为了便于数据分析,将机匣的环形表面沿 U 方向进行平面展开处理。可以发现,机匣端部的法向刚度比机匣根部的法向刚度小,机匣中部即凸台 1 环带附近的法向刚度最小,靠近机匣根部的法向刚度显著增大。对单个切削行而言,各个切削段的材料切除都会引起工艺系统动力学特性的变化,并导致各个切削段处的切削参数优选结果也不尽相同。

　　图 4.6(b)所示为机匣加工切削行 l_5 对应的主轴转速分布情况。由于在切削行 l_5 中存在凸台结构,为了避免发生碰撞干涉,在规划刀位轨迹时需要在凸台之间进行反复的进刀、退刀操作。因此,可以实现在每一个切削段处优选一个主轴转速,在进刀、退刀过程中改变主轴转速。同时,由于在机匣加工的每一个切削行内,工艺系统的动力学特性变化幅值都较小,因此可以针对单个切削行优选一个主轴转速。

　　图 4.6(c)所示为机匣加工各切削行对应的主轴转速分布情况。可以发现,

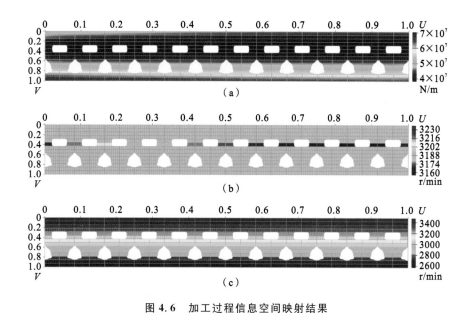

图 4.6　加工过程信息空间映射结果

(a) 工件几何结构演化对应的法向刚度分布　(b) 切削行 l_5 对应的主轴转速分布

(c) 各切削行对应的主轴转速分布

每一个切削行对应一个优选的主轴转速,保证该切削行的稳定切削。

4.3　加工误差补偿迭代学习方法

切削加工是复杂的弹塑性连续变形过程,伴随着切削力和切削热的产生与变化,且由于夹具装夹方式的不同、零件刚度的变化与机床整体特性的不稳定,加工时会不可避免地产生振动与让刀,影响加工精度与表面质量。具体来说,加工过程是一个具有输入和输出的函数过程 f。输入量包含机床、刀具、装夹、工件等的情况和切削参数(切削深度、主轴转速和进给速度)等自变量。输出量为切削后的工件状态。在加工薄壁零件时,受切削力影响,零件的让刀变形使得加工精度明显下降。在装夹方式得不到优化、弱刚性特点无法改变的情况下,选择合适的切深可以有效抵消让刀变形产生的误差。因此,如何高效地优化切削深度是薄壁零件加工面临的问题[2]。

4.3.1　工件几何信息的在位检测方法

为实现误差的补偿,首先需要对加工过程中的工件误差进行检测。针对复杂型面数据的测量有多种方法,根据数据测量中测头是否与被测物体表面接触,分为接触式和非接触式,如图 4.7 所示。

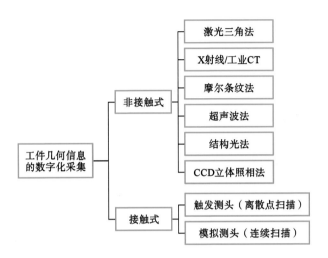

图 4.7　数据测量方式分类

接触式测量方法是通过传感测头与产品的接触而记录产品表面点的坐标位置的,可以细分为点触发式和连续扫描式。接触式测量仪器有电感量仪、三坐标测量机(CMM),其中以三坐标测量机为主。它对刚性物体的表面数据测量精度高,主要用于机械加工工件的测量及几何尺寸和公差的检测。随着模拟测头的出现,三坐标测量机可以沿着叶身型面进行连续扫描测量。目前三坐标测量机在航空发动机叶片实际检测中的应用越来越广泛。接触式测量方法的优点是:精度高;能快速测量基本几何体,不受测量环境及实体的材质、颜色的影响;可测量光学仪器无法测量的死角如深沟、小凹槽等区域。

非接触式测量方法主要是基于光学、声学、磁学等领域的基本原理,将一定的物理模拟量通过适当的算法转换为产品表面的坐标点。目前主要有光学扫描、CT 扫描(X 射线、γ 射线)、超声波方法。光学扫描测量分为激光点状测量、线状测量、面状测量及白炽灯面状光栅测量。光学扫描按所使用光源的不同分为激光光学扫描和白炽灯光栅光学扫描。激光点状扫描方法一般与三坐标测量机测量方法基本相同,只是测头不同;光学线状或面状扫描基于光学三角原理,即将具有规则几何形状的测量光源投影到被测表面上,形成漫反射光带,并在电子耦合器件(CCD)上成像,根据三角原理测出被测表面某位置的空间坐标。工业 CT 利用 X 射线等在被检测物体中的衰减规律及分布情况,由探测器陈列获得物体内部的详细信息,最后用计算机信息处理和图像重建技术,使其以图像形式显示出来。非接触式测量方法的优点是:测量速度快;分辨率高;可以测量物件上大部分的特征;无需测头半径补偿;可测量接触式测量方法无法测量的物体,如软质物体、塑料薄件等。目前主要用于产品数字化和逆向工程中。其缺点是:测量精度较差;测量点质量受外部环境因素影响较大;较难对几何形状,如细长深孔等做完整的测量。接触式测量与非接触式测量相比虽然效率较低,但由于其测量精度和智能化程度高,设备价格低,因此被广泛应用于制造业的 CAD/CAM、产品检测和质量控制中。

近年来,接触式在机测量技术与非接触式在机光学测量技术的发展,为工件加工工序间质量的检测、加工误差的补偿等提供了可靠的数据来源。

4.3.2 薄壁零件加工误差补偿建模

薄壁零件切削过程中如果切削力过大,刀具刚度较小,刀具会发生弯曲变形。薄壁零件加工中,虽然待加工的材料刚度较大,但较小的厚度使得材料呈现出弱刚性。这种情况下,可以忽略刀具变形的影响。因此,切削过程中的让刀变形可以由工件的变形来表示[3]:

$$\varepsilon = \frac{F}{K} \tag{4.1}$$

式中:ε 为变形量;F 为法向切削分力;K 为刚度。

在该变形中,切削力建模较为复杂,特别是在改变切深的情况下,切削力的变化并非线性的。除此之外,刚度 K 与整个工件的装夹方式和厚度分布有关。特别是对于切削加工这一动态过程,工件上每个区域的刚度在切深增加时并不是线性减小的。因此,在仅考虑弹性变形的情况下,随着切深变化而产生的弹性变形量并不是线性变化的。除此之外,考虑到加工系统等的非弹性误差的影响,加工误差与切削深度之间的非线性度就更为明显,表示为

$$e(x) = \varepsilon(x) + s(x) - x + H \tag{4.2}$$

式中:x 为名义切深;e 为加工误差;s 为非弹性误差;H 为设计余量。各参数间的关系如图 4.8 所示。

在分析让刀变形与加工误差产生原因及其与切深的非线性关系的基础上,结合补偿法建立薄壁零件误差补偿通用模型,过程描述如下。

对于薄壁零件加工,加工前的设计余量 H 为常数,名义切深为 x,实际切深为 y,加工误差为 e,在固定其他自变量并忽略刚度参数的情况下,加工过程 f

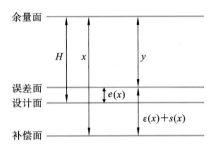

图 4.8　补偿加工中各参数间的关系

仅与 x、y 相关,则切深之间的关系可表示为

$$y = f(x) \tag{4.3}$$

　　对比式(4.2),加工误差表示为

$$e(x) = H - f(x) \tag{4.4}$$

式(4.4)表明最终的误差与切削过程相关。结合薄壁零件加工让刀分析,加工过程 f 表示为

$$f(x) = x - \varepsilon(x) - s(x) \tag{4.5}$$

式(4.5)表明加工过程 f 为非线性过程,并导致加工误差呈非线性变化。这些非线性函数关系说明,对于特定的切削过程,加工误差 e 与名义切深 x 的选择有关且二者为非线性关系。因此,加工误差补偿即为选择更加合适的名义切深 x,使得实际切深 y 等于设计余量 H,达到使加工误差 e 为零的目的。

　　迭代法作为一种逐次逼近的方法可用于非线性方程求解。为此,构建如下误差补偿公式,即误差补偿通用模型,该公式表示的是第 k 次加工时名义切深的计算方法。

$$\begin{cases} x_0 = H \\ x_{k+1} = x_k + \rho_{k+1} \cdot e_k \quad (k = 0, 1, 2, \cdots) \end{cases} \tag{4.6}$$

式中:ρ 为补偿系数;k 为补偿加工次数,当 $k = 0$ 时表示未补偿加工。

4.3.3　薄壁零件误差补偿模型求解

　　误差补偿的目的是将加工误差减小到精度范围内。对数学模型而言,求解误差补偿是计算令 $e = 0$ 时 x 的取值,即 $e(x)$ 的零点计算问题。结合之前的分析,误差补偿的计算可以表示为

$$f(x) = f(x_0) + f'(x_0)\Delta x + \frac{1}{2}f''(x_0)\Delta x^2 \tag{4.7}$$

而针对上述公式中不同的项取不同的值,有四种不同的零点迭代计算方法:镜像补偿法、牛顿(Newton)迭代法、前一点割线法、初始点割线法。

4.3.3.1　镜像补偿法

无论是采用误差预测法还是误差测量法,在计算补偿量时大都考虑镜像补偿法,即按照某个名义切深加工后产生的误差,都会以相同的量添加至下次加工的名义切深中,表示为

$$x_{k+1}=x_k+e_k \quad (k=0,1,2,\cdots) \tag{4.8}$$

由式(4.8)可知,加工过程中的名义切深与实际切深的关系无论是线性的还是非线性的,都可以通过一系列迭代加工来减小误差。也正是这一方法的简单适用性,使其可应用于各种误差补偿场景。镜像补偿法的迭代效果可以通过补偿系数证明,其迭代过程如图4.9所示。可以看出,其收敛速度较慢。

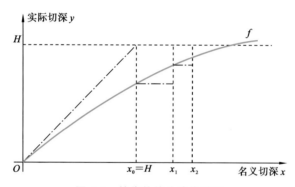

图 4.9　镜像补偿法迭代过程

4.3.3.2　牛顿迭代法

牛顿迭代法是求解非线性方程根的近似值的一种重要数值方法,其基本思想是利用非线性方程中的线性部分逐步逼近近似值。迭代过程可以表示为

$$x_{k+1}=x_k+\frac{1}{y_k'}\cdot e_k \quad (k=0,1,2,\cdots) \tag{4.9}$$

牛顿迭代法具有2阶收敛速度,迭代过程如图4.10所示。

4.3.3.3　前一点割线法

牛顿迭代法每次迭代计算时都需要计算加工过程 f 的一阶导数值。由于 f 的复杂性,名义切深与实际切深之间的关系很难确定,这也是使用迭代法求解该误差模型的原因。然而这一复杂关系导致了 f 的一阶导数值很难计算,使得牛顿迭代法只能作为数学原理表示。为了避免计算导数,改用平均变化率

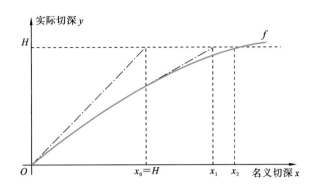

图 4.10 牛顿迭代法补偿迭代过程

$\dfrac{x_k - x_{k-1}}{y_k - y_{k-1}}$替代牛顿迭代公式中的$\dfrac{1}{y_k}$,则式(4.9)变为如下形式:

$$x_{k+1} = x_k + \frac{x_k - x_{k-1}}{y_k - y_{k-1}} \cdot e_k \quad (k = 0, 1, 2, \cdots) \quad (4.10)$$

在计算每一步的平均变化率时都需要前两步的信息(x_k, y_k)和(x_{k-1}, y_{k-1}),这种迭代法为两步法。当$k=0$时,令$x_{k-1} = y_{k-1} = 0$。

采用这种用平均变化率替代导数的方法,迭代的几何意义从切线法变为割线法。更具体的是,平均变化率使用的是当前点与前一点的割线,因此该方法称为前一点割线法。前一点割线法具有 1.618 阶收敛速度,迭代过程如图 4.11 所示。

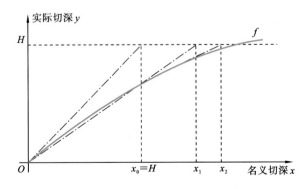

图 4.11 前一点割线法补偿迭代过程

4.3.3.4 初始点割线法

前述的迭代公式构建方法都是从非线性方程零点计算角度进行的。结合薄壁零件加工弹性变形原理,可以从物理和几何角度对误差进行控制。在此基础上,引入回弹系数 λ 的概念,表示变形量与名义切深的商,即

$$\lambda = \frac{\varepsilon}{x} \tag{4.11}$$

对于 ε,有

$$\varepsilon_k = e_k + \sum_{i=1}^{k} z_i \tag{4.12}$$

其中, z_i 为第 i 次加工名义切深与第 $i-1$ 次加工名义切深的差值。

如图 4.12 所示,当 $k=0$ 即未补偿加工时,名义切深为 x_0,加工误差为 e_0,回弹系数为

$$\lambda_0 = \frac{e_0}{x_0} \tag{4.13}$$

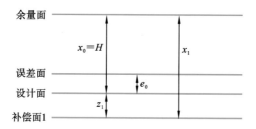

图 4.12 未补偿加工时各参数的关系

在假设当前刚度与切削力不变的情况下,利用回弹系数,计算令误差为 0 的下次加工,即第一次补偿加工时的名义切深 x_1,有如下关系:

$$(x_0 + z_1) \cdot \lambda_0 = z_1 \tag{4.14}$$

$$z_1 = \frac{x_0}{H - e_0} \cdot e_0 \tag{4.15}$$

$$x_1 = x_0 + z_1 \tag{4.16}$$

当第 k 次补偿加工时,名义切深为 x_k,加工误差为 e_k,以此计算回弹系数 λ_k,并在假设当前刚度与切削力不变的情况下,计算令误差为 0 的第 $k+1$ 次补偿加工的名义切深 x_{k+1},如图 4.13 所示,有如下关系:

$$\lambda_k = \frac{e_k + \sum_{i=1}^{k} z_i}{x_k} \tag{4.17}$$

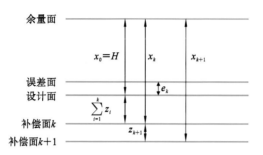

图 4.13　第 k 次补偿加工后各参数的关系

$$(x_k + z_{k+1}) \cdot \lambda_k = z_{k+1} + \sum_{i=1}^{k} z_i \qquad (4.18)$$

$$z_{k+1} = \frac{x_k}{H - e_k} \cdot e_k \qquad (4.19)$$

$$x_{k+1} = x_k + z_{k+1} \qquad (4.20)$$

经过变形,得到误差补偿公式

$$x_{k+1} = x_k + \frac{x_k}{y_k} \cdot e_k \quad (k = 0, 1, 2, \cdots) \qquad (4.21)$$

初始点割线法的迭代过程如图 4.14 所示,具有 1 阶收敛速度,低于前一点割线法。

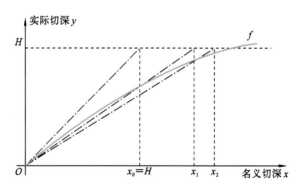

图 4.14　初始点割线法补偿迭代过程

4.3.4　误差补偿系数学习控制方法

由于补偿系数的计算方法不同,前述四种解法的迭代收敛速度与计算难度有所区别,如表 4.2 所示。其中初始点割线法在前一点割线法的基础上,以弹性变形为基础,建立了具有明确物理含义的迭代算法。特别是针对多件单工步零件的加工,在误差稳定前,每一个零件不仅代表了一次迭代加工过程,同时也表示了补偿系数的离线计算方法。

表 4.2　模型解法比较

类别	镜像补偿法	牛顿迭代法	前一点割线法	初始点割线法
补偿系数	1	$\dfrac{1}{y_k}$	$\dfrac{x_k - x_{k-1}}{y_k - y_{k-1}}$	$\dfrac{x_k}{y_k}$
计算难度	最易	最难	难	易
收敛阶数	—	2	1.618	1
收敛速度	较慢	最快	较快	快

本小节以多件单工步零件加工为例,介绍基于初始点割线法的补偿系数学习控制方法,如图 4.15 所示。

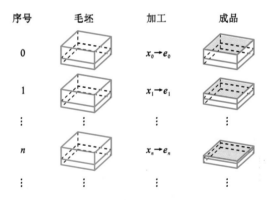

图 4.15　多件单工步加工示意图

多件单工步指批量零件在完成当前工序之前的所有工序后,合理选择当前切削深度的加工方式。单工步表明只需要一道工序,多件对应于选择不同切深的加工过程,表示为

$$w \in \{w_k | k \in \{0,1,2,\cdots\}\} \tag{4.22}$$

式中:w_k 表示第 k 个零件。

当加工误差满足精度要求时,加工达到稳定状态,补偿迭代停止。剩余零件表示为

$$w \in \{w_k | k \in \{n,n+1,\cdots\}\} \tag{4.23}$$

即剩余零件的切削深度都为 x_n,直至所有零件加工结束。

补偿系数控制方框图如图 4.16 所示。该控制系统在误差未稳定前利用反馈控制原理修正补偿试验件的名义切深。修正方法参考初始点割线法,得到每次加工的补偿系数,即

$$\rho_{k+1} = \frac{x_k}{y_k}, \quad k = 0, 1, 2, \cdots \tag{4.24}$$

式中:x_k 由式(4.6)、式(4.21)计算得到;y_k 由测量计算获得。

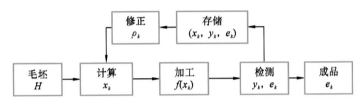

图 4.16 补偿系数控制方框图

式(4.24)表明,控制下次加工过程需要利用前次加工状态。虽然该控制原理并不能实时并行调整当前加工过程,但是通过利用前次加工状态离线计算补偿系数,仍然可以控制下次加工过程,达到多件加工离散动态调整的目的。流程如图 4.17 所示。该流程表明,即使式(4.23)所示零件在加工时可能出现超

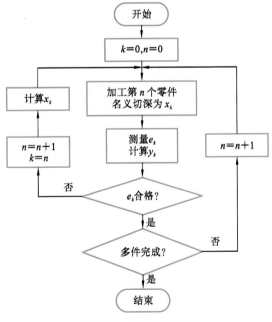

图 4.17 误差补偿流程

差,但是下个零件仍然可以通过补偿系数的反馈控制修正切深,保证系统的稳定性。

4.3.5　误差迭代补偿方法在薄壁叶片加工中的应用

航空发动机的叶片是典型的薄壁零件,前后缘最薄处不足 0.3 mm,在加工过程中极易产生变形。应用上述加工误差迭代补偿方法前后的叶片加工误差对比结果如图 4.18 所示。在没有采用补偿的情况下,叶盆面存在过切,而叶背面存在欠切(见图 4.18(a)和图 4.18(c))。在采用了补偿加工后,叶盆面的过切与叶背面的欠切都得到了修正(见图 4.18(b)和图 4.18(d))。同时,叶盆面与叶背面的平均误差分别减小为之前的 25.1% 和 14.3%。

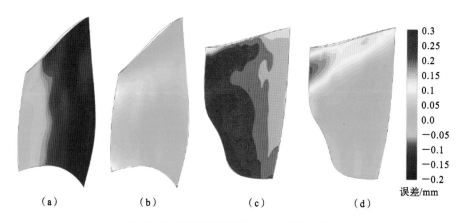

$$（a）\qquad（b）\qquad（c）\qquad（d）$$

图 4.18　叶片不同区域的加工误差分布

(a) 未补偿的叶盆面　(b) 补偿的叶盆面
(c) 未补偿的叶背面　(d) 补偿的叶背面

前后缘区域的误差分布如图 4.19 所示。红色测量点表示不补偿加工时叶片加工误差的实际分布情况,这些点都远离设计截面线。在补偿加工后,表示补偿加工后的蓝色测量点距离设计曲线较近,表示过切和欠切得到了补偿。叶片前后缘补偿后的平均加工误差是补偿前的 29.7%。

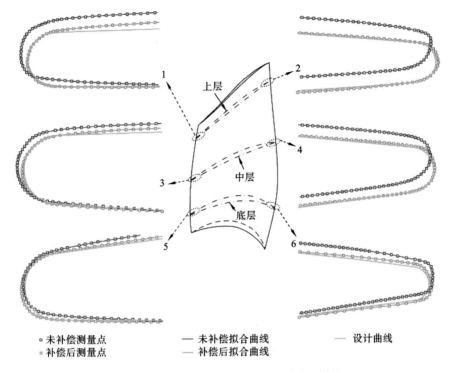

■ 未补偿测量点　　　　— 未补偿拟合曲线　　　　— 设计曲线
■ 补偿后测量点　　　　— 补偿后拟合曲线

图 4.19　叶片前后缘补偿前后测量结果对比

4.4　深孔钻削深度迭代学习优化方法

在机械行业中,孔加工约占所有金属切削加工的 30%,是零件加工的重要工序之一。由于麻花钻使用灵活,成本低,目前孔加工最常用的方式就是采用麻花钻进行钻削制孔。排屑问题是钻削加工的难点,与铣削、车削等切削方式相比,钻削过程中产生的切屑受到孔壁和钻杆排屑槽的约束,排屑空间狭小,导致产生的切屑积聚在排屑槽内,与钻杆和孔壁发生摩擦、挤压作用。随着钻削深度的增大,切屑不断累积,钻削力会快速增大。一般把深径比大于 5 的孔称为深孔,深孔的几何特征决定了深孔钻削具有排屑空间小、排屑路径长的特点,因此排屑问题在深孔钻削中尤为显著。同时,深孔的大深径比的几何特征直接决定了钻削所用的钻杆细长,刚度差,钻削力过大时极易发生断刀。通常,钻削制孔是零件加工的最后工序,一旦在钻削过程中发生断刀,钻头难以从深孔中取出,将直接导致零件报废,造成巨大的经济损失[4]。

为避免深孔钻削过程中切屑累积导致钻削力过大而发生断刀,目前企业中常采用啄式钻削方法进行深孔钻削。具体实现方法为:在数控程序中设定一个单次钻削深度值,每次钻削该深度后即退刀至钻头退出孔口,利用切削液的冲刷作用排屑,随后再重复进行下一次钻削,通过钻削循环的方式进行制孔。设定合理的单次钻削深度值是啄式钻削方法的关键。如果钻削深度值设定过大,则会因钻削力过大而断刀;如果设定过小,则退刀次数过多,深孔钻削循环的刀轨长度呈几何倍数增长,造成加工效率大幅降低。为解决这一问题,需要进行钻削深度优化。

针对现有深孔钻削深度优化方法存在的不足,可以采用深孔钻削深度的迭代学习优化方法[5]。该方法结合了建模预测与在线监测两种方法的优点,首先建立钻削力随钻削深度变化的关系,作为迭代学习的理论模型,然后针对啄式钻削方法的工艺特点,利用真实加工的钻削循环过程进行迭代学习,不断修正模型,同时根据钻削深度的迭代公式给出下一迭代步钻削深度的设定值,实时指导钻削循环过程,在保证钻削过程中不发生断刀的前提下提高加工效率。同时,在迭代学习过程完成后,给出该加工条件下的最大单次钻削深度,作为下次钻削的参考值。

4.4.1　单步钻削排屑力模型

由于深孔钻削过程中钻削力随钻削深度的增大而增大,为进行钻削深度优化,首先须建立单次钻削过程中钻削力与钻削深度的定量关系,由此预测不发生断刀的最大钻削深度。在钻削过程中,刀具垂直于工件平面做直线进给运动,在切入过程中,钻头与工件接触后钻头底部横刃首先接触材料,将材料挤压至横刃两侧,由于钻头顶角的影响,切削刃与材料接触的长度逐渐增大,钻削力随之增大;当钻头完全进入工件材料后,钻削进入平稳切削阶段,此时钻头切削刃持续切削,在主轴转速和进给速度不变的情况下,钻头的切削载荷不随钻削深度变化,钻削力在短时间内变化较小。钻头钻入过程如图 4.20 所示。此后,钻头切削过程去除的材料从切削区沿着钻杆的排屑槽流动,成为切屑,切屑流动过程中与孔壁、排屑槽发生挤压和摩擦作用。切屑在与钻杆的相对运动过程中受到钻杆的作用力,称为排屑力。随着钻削深度的增加,产生的切屑逐渐增多,排屑力增大,因此钻削力逐渐增大。

排屑力与钻杆受到的切屑的作用力是一对平衡力,钻杆能承受的最大力是钻削深度的主要约束条件。在深孔钻削过程中,钻削力包括剪切力分量和排屑力分量。其中,在钻削过程中除切入过程外,对于给定的主轴转速和进给速度,切削载荷是恒定的,因此剪切力在钻削过程中几乎不发生变化。而随着钻削深

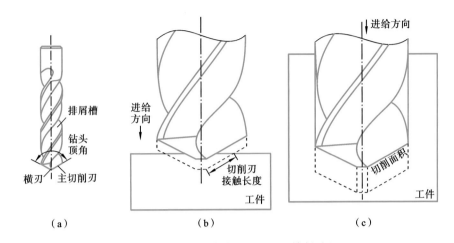

图 4.20 标准麻花钻几何特征及钻削过程

（a）麻花钻几何特征 （b）钻头钻入过程 （c）钻头完全进入工件

度的增大,排屑力分量逐渐增大,在深孔钻削力中所占比例逐渐增大,成为制约深孔钻削深度的主要因素。因此仅对钻削过程中的排屑力增大阶段进行研究,利用模型表达排屑力与钻削深度的关系,在数据处理时将得到的钻削力减去剪切力分量,得到排屑力分量。深孔钻削中断刀的一般形式为扭转断裂,因此一般可以采用排屑扭矩模型。

排屑槽内切屑的运动由两部分组成:切屑沿排屑槽的流动和切屑随钻头的旋转运动。将切屑沿排屑槽方向划分为若干个切屑微元,每一个切屑微元都在相邻切屑作用力及其与孔壁和排屑槽的摩擦力、压力作用下保持力平衡状态,如图 4.21 所示。由此可引入材料力学参数、摩擦系数、排屑槽几何参数等参数推导排屑扭矩与钻削深度的关系。排屑扭矩一般随钻削深度的变化呈指数变化,定义 a、b 为排屑力系数,可将排屑扭矩模型表达为

$$F_{ch}(z) = a(e^{bz} - 1) \tag{4.25}$$

式中:F_{ch} 为排屑扭矩;z 为钻削深度;排屑力系数 a、b 均为正值。考虑钻削剪切力分量 F_c,钻削扭矩可表达为

$$F(z) = F_c + a(e^{bz} - 1) \tag{4.26}$$

采用该表达式,可省去各模型参数的标定试验,便于进行迭代学习,模型精度通过在真实加工过程中不断修正模型系数保证。利用该模型,在已知最大许用排屑扭矩的基础上,可预测最大单次钻削深度。

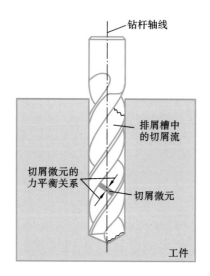

图 4.21　深孔钻削切屑微元受力分析

4.4.2　深孔啄式钻削排屑过程

实际深孔钻削中为避免排屑力过大而导致断刀,通常采用啄式钻削的多次钻削方法进行深孔加工,以钻削循环的方式通过多次退刀排屑在钻削过程中定期降低排屑力,增大总钻削深度。为建立真实钻削循环过程中的迭代学习方法,需要对钻削循环过程中排屑力的变化规律进行研究。深孔钻削循环分为两种模式:一种是等距钻削循环,即设定一个固定的单次钻削深度值 Δd,每次钻削该深度值后进行退刀排屑;另一种是变距钻削循环,即每次钻削采用不同的钻削深度值 Δd_i。变距钻削循环一般采用单次钻削深度设定值递减的策略,设定当前钻削深度值为上一次钻削深度值的一半。这样设定是由于排屑力随钻削深度的增大而增大,采用单次钻削深度设定值递减的策略可减小钻削后期的排屑力,防止断刀。钻削循环过程如图 4.22 所示。

在钻削过程中,切削刃不断去除材料,去除材料的体积即为已加工孔的体积,去除的材料全部转化为切屑,沿排屑槽向孔口方向流动,在排屑槽内填充的高度定义为切屑填充高度。记钻削深度 dz 产生的切屑填充高度为 dh,定义切屑转化比 $\lambda = dh/dz$。由于钻头实体占据了已加工孔的部分空间,因此切屑转化比大于 1。在单次钻削过程中,由于切屑转化比大于 1,有一部分切屑排出孔外,不与孔壁发生作用,切屑填充高度始终等于当前钻削深度,此时排屑力随钻

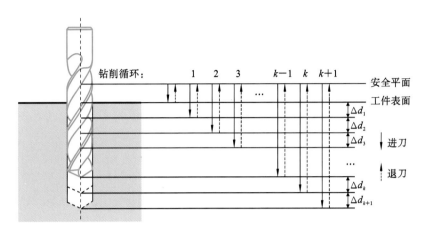

图 4.22　深孔啄式钻削循环过程

削深度按模型规律呈指数增大。在钻削循环过程中,由于每次钻削都从当前已加工孔的深度处进行,钻削初期新产生的切屑全部限制在已加工孔的空间内,此时切屑填充高度小于当前钻削深度,新产生切屑全部与孔壁及排屑槽发生摩擦、挤压作用,此时排屑力随切屑填充高度按模型规律增大。此外,通常每次退刀排屑过程难以完全去除排屑槽内的所有切屑,导致钻削时钻杆排屑槽内残留有一部分切屑。这部分残留的切屑阻碍了新产生切屑的流动,使排屑力增大,此时排屑力随钻削深度的变化不符合模型规律。新产生的切屑与残留在排屑槽内的切屑在钻削一定深度后产生的力重新达到上次钻削结束时的排屑力大小,此后排屑力在上次值的基础上继续按排屑力模型规律呈指数增大。钻削循环过程中实测排屑扭矩如图 4.23 所示。定义每次退刀排屑后进行下一次钻削时排屑力达到原有值需要的钻削深度为排屑延长深度,记为 $\Delta z_{ex,k}$。钻削循环的总钻削深度为最大单次钻削深度与每次排屑延长深度的和,即

$$z_{total} = z_{max} + \sum_{k=1}^{n-1} \Delta z_{ex,k} \qquad (4.27)$$

式中:z_{total} 为钻削循环的总钻削深度;z_{max} 为最大单次钻削深度。

退刀排屑去除了部分切屑,降低了下次钻削的初始排屑力,切屑重新填充排屑槽至原有高度的过程延长了总的钻削深度,这就是啄式钻削方法的原理。预测钻削循环的总深度,需要知道最大单次钻削深度和每次钻削的排屑延长深度。本书通过在钻削循环中对排屑扭矩模型进行迭代学习预测最大单次钻削深度,其中由实测扭矩数据拟合模型时去除了排屑延长深度内的扭矩数据,仅

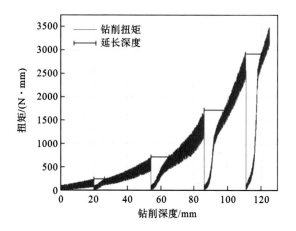

图 4.23　深孔啄式钻削实测排屑扭矩

保留符合排屑力模型规律的扭矩数据。

在钻削循环过程中，单次钻削完成后，排屑槽内切屑填充高度等于当前钻削深度，排屑后排屑槽内切屑残留的总高度与排屑延长深度的关系为

$$z_{k-1} = h_{r,k} + \lambda \cdot z_{ex,k} \qquad (4.28)$$

式中：z_{k-1} 为上一次钻削达到的钻削深度；$h_{r,k}$ 为排屑槽内切屑残留的总高度。

定义每次排屑去除的切屑占总切屑的比例为排屑率，记为 χ_k，即

$$\chi_k = 1 - \frac{h_{r,k}}{z_{k-1}}, \quad \chi_k \in (0,1) \qquad (4.29)$$

排屑率反映了加工系统的排屑能力，排屑率越接近 1，排屑能力越强。结合以上两式，每次钻削的排屑延长深度 $z_{ex,k}$ 可表达为

$$\Delta z_{ex,k} = \frac{\chi_k z_{k-1}}{\lambda} \qquad (4.30)$$

定义排屑延长系数 $\alpha_k = \dfrac{\chi_k}{\lambda}$，将式 (4.30) 表达为

$$\Delta z_{ex,k} = \alpha_k z_{k-1}, \quad \alpha_k \in (0,1) \qquad (4.31)$$

在给定切削液系统设置、刀具、工件材料及切削参数的情况下，可认为排屑率和切屑转化比只与钻削深度相关，因此上述条件下排屑延长系数由钻削深度决定。于是，可通过在钻削循环过程中对比前后两次钻削的实测排屑扭矩数据，按上述公式计算排屑延长系数，并随着迭代过程的进行采用回归方法可以获得排屑延长系数随钻削深度的变化规律。

4.4.3　钻削深度的迭代学习与优化方法

迭代学习方法的目标是获得最大单次钻削深度以及排屑延长系数随钻削深度变化的回归方程,从而结合二者优化钻削深度值,使在退刀次数尽可能少的同时避免发生断刀。钻削深度迭代学习与优化的基本流程为:首先,设定一个较小的初始钻削深度,利用钻削过程采集的扭矩信号标定排屑扭矩模型系数,采用标定后的模型预测最大单次钻削深度,并由此通过钻削深度的迭代学习公式给出下一次钻削的钻削深度。继续钻削至该深度,结合此次钻削的扭矩信号和之前的扭矩信号重新标定模型系数,进而预测最大钻削深度及计算下一次钻削应达到的钻削深度。同时,根据前几次钻削实测的排屑延长系数,通过回归方法预测下一次钻削的排屑延长深度。如此重复上述过程,模型系数在钻削循环中不断修正,预测精度逐步提高。随着钻削过程的进行,根据实测数据修正模型,反过来,利用标定的模型给出下一次钻削的钻削深度,形成迭代学习的闭环。

在迭代学习过程中,由于前几次迭代拟合模型的数据较少,模型精度不高,模型预测的最大钻削深度可能会超过理论最大钻削深度,若直接采用模型预测的最大钻削深度进行钻削可能会发生断刀。同时,若钻削深度设定值过大,即使不发生断刀,也将导致切屑过多,超出加工系统排屑能力,造成排屑困难,影响钻削正常进行。为避免这一问题,保证每次钻削深度小于理论最大钻削深度,可采用一种修正的牛顿迭代法优化各迭代步的钻削深度。牛顿迭代法是求解非线性优化问题的一种重要的数值方法,其基本思想是利用非线性方程中的线性部分逐步逼近。首先,为得到钻削深度的牛顿迭代公式,将钻削扭矩模型在 $z = z_k$ 处进行泰勒展开,并略去高阶项,将扭矩模型表达为如下线性形式:

$$F(z) = F(z_k) + F'(z_k)(z - z_k) \tag{4.32}$$

对深孔钻削来说,优化目标是搜索满足钻削扭矩的最大钻削深度 z_{max}。因此,将最大许用扭矩 F_{max} 代入式(4.32),即令 $F(z) = F_{max}$,钻削深度的牛顿迭代公式可表达为

$$z_{k+1} = z_k + \frac{F_{max} - F(z_k)}{F'(z_k)} \tag{4.33}$$

式中: $F'(z_k)$ 为钻削扭矩增大的梯度。 $F'(z) = abe^{bz}$,为单调递增函数。为保证在深孔钻削循环过程中不发生断刀,采用当前预测的最大钻削深度处的梯度作为搜索方向。由于 $F'(z_{max}) > F'(z)$,最大钻削深度处钻削扭矩增大的梯度大于此前所有钻削深度处的梯度。这种方法放大了迭代过程中钻削扭矩的增

长率。在前几次迭代中,钻削深度与目标深度相差较大,拟合的模型精度不高,采用放大的梯度保证了得到的下一步钻削深度小于理论最大钻削深度,达到了防止在钻削循环过程中因钻削深度过大而发生断刀的目的。随着钻削循环的进行,钻削深度逐步接近最大钻削深度,最大钻削深度处的梯度 $F'(z_{\max})$ 与当前钻削深度处的梯度 $F'(z)$ 的差值逐渐减小,采用该梯度进行预测得到的钻削深度与最终理论最大钻削深度误差较小。因此,将式(4.33)中的 $F'(z_k)$ 替换为最大钻削深度处的梯度 $F'(z_{\max})$,得到的钻削深度的迭代学习公式为

$$z_{k+1}=z_k+\frac{F_{\max}-F(z_k)}{F'(z_{\max})} \tag{4.34}$$

式中:$F(z_k)$ 为加工深度 z_k 处的实测扭矩;z_{k+1} 为下一步迭代的钻削深度。$z_{\max}$ 可由排屑力模型计算得到:

$$z_{\max}=\frac{\ln\left(\dfrac{F_{\max}-F_c}{a}+1\right)}{b} \tag{4.35}$$

由于每次退刀排屑后,需要进行排屑延长深度后的钻削,排屑力才恢复原有值,因此在钻削深度的迭代学习公式中加入排屑延长深度,最终得到的钻削深度迭代学习公式为

$$z_{k+1}=z_k+\Delta z_{\mathrm{ex},k+1}+\frac{F_{\max}-F(z_k)}{F'(z_{\max})} \tag{4.36}$$

将式(4.31)代入得

$$z_{k+1}=(\alpha_{k+1}+1)z_k+\frac{F_{\max}-F(z_k)}{F'(z_{\max})} \tag{4.37}$$

前两次钻削中,取 $\alpha_1=\alpha_2=0$,排屑延长系数 α_{k+1} 为第 $k+1$ 次排屑延长深度与第 k 次钻削深度的比值,在之后的迭代步中对前几次钻削的排屑规律进行回归分析,预测排屑延长系数。随着钻削循环的进行,由于排屑力随当前钻削深度的增大而增大,因此在接近理论最大钻削深度时,每次钻削增加的深度将逐渐减小。规定当预测的最大单次钻削深度与当前钻削深度之差小于设定值 $z_{\min}$ 时,停止迭代,即迭代终止条件为 $|z_{\max}-z_k|<z_{\min}$。

上述深孔钻削迭代学习方法的流程为:

(1)设定一个较小的初始钻削深度 z_0;

(2)采用钻削深度 z_k 进行钻削,监测钻削过程中的扭矩信号,并按排屑扭矩模型对实测数据进行拟合,得到模型系数 a、b;

(3)根据第(2)步标定的模型预测最大钻削深度 $z_{\max}$,并计算迭代梯度 $F'(z_{\max})$;

(4)若 $k=0$ 或 $k=1$,则 $\alpha_k=0$。否则,对 $\alpha_1,\alpha_2,\cdots,\alpha_{k-1}$ 进行回归分析得到

排屑延长系数 α_k;

（5）将第（3）步所得的迭代梯度 $F'(z_{\max})$、第（4）步中所得的排屑延长系数 α_k 和最大许用扭矩代入钻削深度迭代学习公式，计算下一步迭代的钻削深度 z_{k+1};

（6）令 $k = k+1$，重复步骤（2）～（5），设定单次最小钻削深度 $z_{\min}$，当满足迭代终止条件 $|z_{\max} - z_k| < z_{\min}$ 时，迭代学习过程结束。

上述深孔钻削迭代学习方法在真实孔加工的钻削循环过程中进行，相比基于解析模型的钻削深度预测方法，它能够基于真实加工过程的监测数据实时修正模型系数，具有进化功能，进化后的模型具有更高的预测精度；相比基于试验数据的钻削深度优化方法，该方法可在真实钻削循环过程中进行，不需要在加工前进行大量试验，降低了成本；相比基于在线监测的断刀防护方法，该方法可针对真实加工过程的监测数据进行学习，保留了数据真实性和实时性的优点，同时利用钻削深度迭代学习公式可在下一加工循环之前给出钻削深度设定值，避免钻削过程发生断刀。

4.5 工艺参数循环迭代优化方法

目前，关于铣削加工过程的工艺参数优化方法主要可以分为离线优化和在线优化。但是，无论是离线优化方法还是在线优化方法，都存在着一定的缺点，不能很好地应用于实际加工过程。

离线优化方法不能适应真实的零件加工过程。离线优化方法大多是基于工艺过程预测模型的，这就要求预测模型具有较高的准确性和广泛的适用性。在真实的零件加工过程中，工件材料的不均匀性、工艺过程的波动等因素是无法通过模型、仿真或者试验准确预测的。所以，离线优化方法在实际加工中的应用受到了一定的限制。

在线优化方法不能适应零件的全局特征。在线优化与控制过程根据实时监测得到的数据对工艺参数进行优化与调控，这就导致优化调控过程只受到局部加工信息的影响。优化过程缺乏对零件整体加工特征的全局考虑，使得控制的整体连贯性较差。而且铣削加工过程中可以在线调控的参数有限，无法全面地对加工过程进行优化控制。同时为了保证加工过程的安全，在线控制过程通常较为保守。此外，在线数据分析和调整的时滞性要求也是制约在线优化方法应用的难点之一。

针对在线优化与离线优化的特点，为充分发挥在线优化与离线优化的优势,可以将在线求解与离线学习相结合,进行铣削工艺参数的迭代优化。通过在线侦测识别铣削加工过程的瞬时工况,根据识别得到的实际工况对进给速度优化模型进行求解,并根据求解得到的结果对铣削加工过程进行反馈调控,同时记录求解的结果。在一个零件加工完成后,根据记录下来的在线求解结果,对零件加工数控程序中的工艺参数进行修改,将求解得到的工艺参数作为下一个零件加工的初始工艺参数。一个在线求解过程和一个基于该在线求解数据的离线学习过程共同组成了一个完整的学习循环,通过学习循环的迭代实现工艺参数的优化[6]。

铣削加工进给速度在线求解与调控的主要过程是:通过传感器及数控系统在线监测加工过程,并且采用侦测加工的方法在线识别瞬时工况;在此基础上,根据监测识别得到的当前实际工况,在线求解进给速度优化问题,并且根据优化结果对加工过程进行实时反馈控制。不需要真实零件加工过程之前的仿真、试验、试切等过程,所有过程全部在线完成。

铣削加工工艺参数离线学习的主要过程是:首先将铣削进给速度在线求解的结果、该零件的加工 NC 代码、该零件的结构特征三者进行同步匹配;然后根据被加工零件局部的结构特征和刀具的性能约束,计算加工零件各个部分的最大许用主轴转速,并将其作为加工该部分的新的主轴转速;根据在线求解得到的 NC 代码上每一点的每齿进给量及重新选取的主轴转速,重新计算进给速度并对 NC 代码中的主轴转速及进给速度进行修正;最后,分析修正后的铣削加工 NC 代码,对其中的工艺参数进行平滑处理,避免加工过程中机床的主轴转速和进给速度加减速过于剧烈,以至于影响加工质量甚至损坏刀具或机床。整个过程实现了工艺参数的学习积累,为下一个零件的加工提供了更优的初始 NC 代码。

离线学习过程根据工艺参数在线求解的结果,同时考虑被加工零件的整体加工特征,对数控加工 NC 代码进行学习修正,为下一个零件加工提供更优的数控加工程序。这样既保证了优化工艺参数的准确性,又克服了在线求解与调控所存在的缺点。

铣削工艺参数迭代优化的原理是:通过单次学习循环过程,对铣削工艺参数进行求解和学习,经过学习的工艺参数将用于下一个零件的加工。通过不断地迭代学习循环,使得工艺参数不断积累和更新,从而实现铣削工艺参数的优化。零件加工程序的 NC 代码是零件加工工艺知识的具体体现,也是零件加工工艺知识的一种载体。因此,工艺参数的迭代优化过程本质上也是工艺知识的学习和进化过程。铣削工艺参数学习循环与迭代优化的原理如图 4.24 所示。

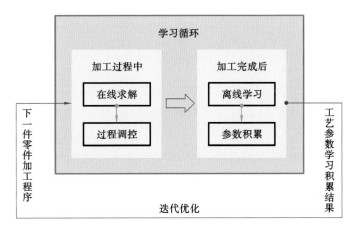

图 4.24   铣削工艺参数学习循环与迭代优化原理

4.5.1   进给速度优化数学模型

4.5.1.1   优化问题的目标函数

铣削粗加工过程以加工效率作为优化目标,对工艺参数进行优化。在真实的零件加工生产过程中,单个零件的加工生产时间包括准备时间、装卸时间、调节时间、加工时间、换刀时间。因此,单个零件的加工生产时间的表达式为

$$T = T_p + T_L + T_a + T_m + T_C \tag{4.38}$$

式中:T 是单个零件的加工生产时间;T_p 是单个零件的准备时间;T_L 是零件加工的装卸时间;T_a 是零件加工的调节时间;T_m 是单个零件的切削加工时间;T_C 是单个零件加工中总的换刀时间。

单个零件的准备时间是指加工的工艺准备时间,是由将一批零件的工艺准备时间均摊到每个零件上得到的,其表达式为

$$T_p = \frac{T_s}{N_b} \tag{4.39}$$

式中:T_s 是一批零件总的生产准备时间;N_b 是该批次零件的数量。

单个零件加工中总的换刀时间是指加工过程中多次换刀所消耗的总时间,其表达式为

$$T_C = T_c \cdot \left(\frac{T_m}{T_l} \right) \tag{4.40}$$

式中:T_c 是单次更换刀具所消耗的时间;T_m 是单个零件的切削加工时间;T_l 是刀具单次磨钝所使用的切削时间。

在单个零件的加工生产时间中,单个零件的准备时间是加工的工艺准备时间,与加工过程参数无关;零件加工的装卸时间、调节时间是加工现场装夹及调整所消耗的时间,与加工过程参数无关;单个零件的切削加工时间是依赖于总的刀位轨迹长度和进给速度的,即与加工过程参数相关;单个零件加工中总的换刀时间与加工中切削加工时间和刀具磨钝时间相关,亦即与加工过程参数相关。

最大生产效率是指单位时间内生产零件的最大数量,或生产单个零件花费的最少时间。在单个零件的加工生产时间中,只有单个零件的切削加工时间和单个零件加工中总的换刀时间与切削参数相关。而单个零件加工中,总的换刀时间中的单个零件的切削加工时间和刀具单次磨钝所使用的切削时间都与切削参数相关。在一定的进给速度范围内,进给速度对单个零件的切削加工时间的影响要远远大于对刀具单次磨钝所使用的切削时间的影响。因此,切削加工过程中加工效率直接受到单个零件的切削加工时间的影响,在切削参数优化过程中,应该以单个零件的切削加工时间最小为具体目标。

在铣削加工过程中,当进给速度为恒定值时,单个零件的切削加工时间可以表示为

$$T_m = \frac{L_t}{f} \tag{4.41}$$

式中:L_t 是单个零件加工的刀位轨迹总长度;f 是恒定的进给速度。

当进给速度随着加工过程的进行发生变化时,单个零件的切削加工时间可以表示为

$$T_m = \int_0^{L_t} \frac{1}{f(L)} \mathrm{d}L \tag{4.42}$$

式中:L 是加工到零件上任意一点的刀位轨迹长度;$f(L)$ 是加工零件上任意一点时的进给速度。

因此,该优化问题的目标函数为

$$\min T_m = \int_0^{L_t} \frac{1}{f(L)} \mathrm{d}L \tag{4.43}$$

零件加工的刀位轨迹已经在加工开始之前通过 CAM 过程确定,在加工过程中不能改变,刀位轨迹的形式及总长度不能调整。因此,在线铣削参数优化求解与反馈控制只能通过实时调整加工中的进给速度来实现,即该优化问题中

的优化变量为进给速度。

4.5.1.2 优化问题的约束准则

1. 铣削力约束

加工过程中,铣削力是随着铣刀的旋转而出现周期性波动的。因此,在加工过程优化的研究中,通常将刀具所受力的峰值或者平均值作为研究对象,以铣削力恒定或者小于给定值为限制条件,对加工过程参数进行优化。由于工况的时变性,在真实的零件加工过程中铣削力随着加工刀位轨迹的行进而变化。因此以铣削过程中刀具所受径向铣削力平均值的合力作为考量标准,在整个铣削加工过程中,刀具所受的径向铣削力平均值的合力不能超过给定的平均铣削力的限定值。将其表示为约束方程的形式,即

$$g_1(f) = |\overline{F}(f)| - F_{\lim} \leqslant 0 \tag{4.44}$$

2. 刀具磨损速率约束

在铣削加工中,刀具单次磨钝所使用的切削时间 T_1 必须大于一定时间极限,以避免频繁换刀导致生产效率降低,同时也限制刀具成本的增加。刀具的使用寿命与切削参数、被加工零件、刀具材料等工况因素相关,即刀具的磨损速率与工况因素相关。在真实的零件加工过程中,工况因素是变化的。某一时刻的工况决定了这一时刻的刀具磨损速率,从而影响着刀具的单次使用寿命。因此,只能以某一时刻的刀具磨损速率为限制条件。限制了某一时刻刀具磨损速率,即可保证刀具的单次使用寿命。刀具磨损速率的约束方程为

$$r_{\mathrm{VB}} = \frac{\mathrm{dVB}}{\mathrm{d}t} \tag{4.45}$$

$$g_2(f) = r_{\mathrm{VB}}(f) - r_{\mathrm{VBlim}} \leqslant 0 \tag{4.46}$$

3. 其他约束

除了铣削力约束和刀具磨损速率约束外,工艺参数优化问题还受到其他诸多因素的约束。

1) 进给速度

加工过程中的进给速度与机床进给轴的性能直接相关,受到机床最大进给速度的限制。因此,进给速度需要满足加工系统的限制要求:

$$g_3(f) = f - f_{\lim} \leqslant 0 \tag{4.47}$$

式中:$f_{\lim}$ 是加工系统对进给速度的限定值。

2) 加工系统受力

加工过程中的铣削力不仅受到刀具性能的限制,还受到加工系统自身所能

承受的最大铣削力的限制。这里从加工系统性能的角度考虑,对加工系统所受铣削力的最大峰值进行限制,避免铣削力过大对加工系统造成损伤。

$$g_4(f) = F_{\max}(f) - F_{\mathrm{mtlim}} \leqslant 0 \tag{4.48}$$

式中:$F_{\max}(f)$是加工系统所受铣削力的最大峰值;F_{mtlim}是加工系统所能承受的最大铣削力值。

3）铣削扭矩

机床主轴的输出扭矩与铣削过程中的工艺参数直接相关,其大小受到机床最大主轴扭矩的限制。因此,铣削过程中的主轴扭矩数值需要满足机床最大主轴扭矩的限制要求。

$$g_5(f) = M(f) - M_{\lim} \leqslant 0 \tag{4.49}$$

式中:$M(f)$是铣削过程中主轴的瞬时输出扭矩;$M_{\lim}$是机床最大主轴扭矩限制值。

4）铣削功率

铣削过程中的工艺参数直接影响机床的输出功率,而机床的输出功率要受到机床最大输出功率的限制。因此,铣削过程中的机床输出功率数值需要满足机床最大输出功率的限制要求。

$$g_6(f) = P(f) - P_{\lim} \leqslant 0 \tag{4.50}$$

式中:$P(f)$是铣削过程中机床的瞬时输出功率;$P_{\lim}$是机床最大输出功率限制值。

5）切削速度

铣削过程中的切削速度与主轴转速及刀具直径直接相关,其大小受到机床最大主轴转速的限制。因此,切削速度数值需要满足加工系统对切削速度的限制要求。

$$g_7(f) = v_{\mathrm{c}}(f) - v_{\mathrm{clim}} \leqslant 0 \tag{4.51}$$

式中:$v_{\mathrm{c}}(f)$是瞬时切削速度;v_{clim}是加工系统对切削速度的限定值。

4.5.1.3　优化问题的数学模型

根据已经分析得到的优化问题目标函数及约束条件,可以得到该优化问题的数学模型,其表达式为

$$\begin{cases} \min \quad T_{\mathrm{m}} = \displaystyle\int_0^{L_{\mathrm{t}}} \frac{1}{f(L)} \mathrm{d}L \\ \mathrm{s.t.} \quad g_i(f) \leqslant 0, \quad i = 1, 2, \cdots, 7 \end{cases} \tag{4.52}$$

4.5.2 进给速度优化问题的在线求解

离线优化方法不能很好地适应真实的零件加工过程,而在线优化求解过程可以实时获取真实加工的实际工况,可根据加工过程当前的实际工况对工艺参数进行优化求解和反馈调控,这就有效地解决了离线优化无法准确预测工艺过程中各种因素的困难。

4.5.2.1 优化问题在线求解过程

铣削加工过程中,进给速度优化问题的在线求解本质上是实时确定零件加工刀位轨迹上每一点的铣削进给速度。进给速度优化问题的在线求解就是,根据当前的工况状态信息以及加工系统的输出响应实时计算确定下一时刻进给速度的过程。在求解的过程中,若要保证零件的加工时间最短,需要使零件加工刀位轨迹上每一点的铣削进给速度取得最大值,但是铣削进给速度的数值必须使得所有的约束条件都成立。

前面分析的优化约束准则中,并不是所有的约束条件都能在优化过程中起到约束作用。一系列的约束条件 $g_i(f) \leqslant 0, i=1,2,\cdots,7$ 是冗余的,其中有一些约束条件是过于宽泛的,能够自然满足。由于机床、夹具等加工系统的刚度以及所能提供的加工能力一般远远超出工件-刀具子系统在加工过程中所能承受的范围,即加工过程中承受加工冲击的薄弱环节主要集中于工件-刀具子系统。因此,在求解参数优化问题过程中,可以舍弃机床进给速度约束、加工系统受力约束、铣削扭矩约束、铣削功率约束、切削速度约束等约束条件,只考虑与工件-刀具子系统相关的约束,即铣削力约束、刀具磨损速率约束。

铣削参数优化在线求解与调控本质上是控制学问题,即按照加工过程的最优目标及限制准则计算工艺参数的调控量。参数优化问题在线求解的过程为:根据实时监测得到的平均铣削力与刀具承受铣削力的限定值及时变工况对铣削力的影响计算进给速度的调整量;将计算获得的进给速度调整量累加到当前的进给速度上,得到新的进给速度;根据铣削过程中时变工况对刀具磨损速率的影响计算新的刀具磨损速率,验证优化得到的新进给速度是否满足刀具磨损速率的约束准则;如果满足,那么优化得到的新进给速度将作为下一时刻的进给速度;如果不满足,那么根据刀具磨损速率的约束准则重新计算新的进给速度,并将其作为下一时刻的进给速度。

铣削进给速度优化问题的在线求解步骤以及各个步骤间的数据流如图4.25所示。在线求解进给速度优化问题,得到最优化的铣削进给速度后,通过

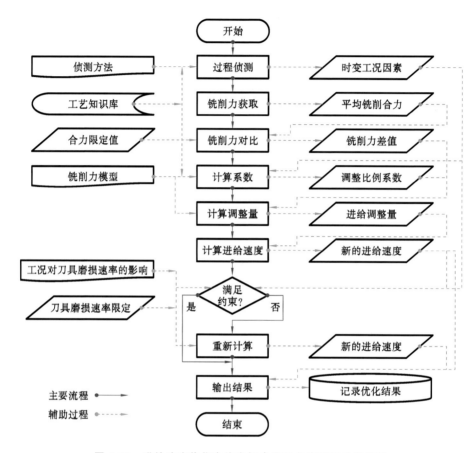

图 4.25 进给速度优化在线求解步骤及各步骤间的数据流

加工过程反馈控制模块对铣削加工过程进行反馈控制。

上述流程为一个单次在线优化求解与实时反馈控制的过程。在真实的零件铣削加工过程中,会不断地对进给速度进行在线求解与反馈控制,往复循环以上过程,直至零件加工过程结束。

4.5.2.2 具体求解方法

1. 铣削力获取

在真实的零件铣削加工过程中,一般通过切削力传感器在线测量 X 方向和 Y 方向的铣削力。当铣刀转角为 φ 时,测量的铣削力可以表示为矢量形式,其表达式为

$$\boldsymbol{F}_{\mathrm{meas}}(\varphi) = \begin{bmatrix} F_{x,\mathrm{meas}}(\varphi) \\ F_{y,\mathrm{meas}}(\varphi) \end{bmatrix} \qquad (4.53)$$

式中:$\boldsymbol{F}_{\text{meas}}(\varphi)$ 是铣刀转角为 φ 时测量得到的 OXY 平面内的铣削力矢量。

OXY 平面内的平均铣削力矢量可以通过计算测量的铣削力矢量在铣刀旋转一周范围内的平均值得到:

$$\overline{\boldsymbol{F}_{\text{meas}}} = \frac{1}{2\pi}\int_0^{2\pi} \boldsymbol{F}_{\text{meas}}(\varphi)\,\mathrm{d}\varphi \tag{4.54}$$

合力即为力矢量的模长。那么,加工过程中测量的铣刀所受的平均铣削力合力为测量的 OXY 平面内平均铣削力矢量的模长,其表达式为

$$\left|\overline{\boldsymbol{F}_{\text{meas}}}\right| = \sqrt{\overline{\boldsymbol{F}_{\text{meas}}}^{\text{T}} \cdot \overline{\boldsymbol{F}_{\text{meas}}}} \tag{4.55}$$

2. 平均铣削力合力与进给速度的关系

铣削加工过程中,平均铣削力矢量可以写成每齿进给量的线性形式,但平均铣削力的合力与每齿进给量之间不存在线性关系。因此,将平均铣削力的合力与每齿进给量的函数关系进行局部线性化,即一阶泰勒展开式。平均铣削力合力与每齿进给量的函数关系的一阶泰勒展开式为

$$\left|\overline{\boldsymbol{F}}\right|(f_z) = \left|\overline{\boldsymbol{F}}\right|(f_{z,0}) + \frac{\partial\left|\overline{\boldsymbol{F}}\right|(f_{z,0})}{\partial f_z} \cdot (f_z - f_{z,0}) + R_1(f_z) \tag{4.56}$$

式中:f_z 是铣削每齿进给量;$f_{z,0}$ 是铣削加工过程中某一特定点的每齿进给量;$\left|\overline{\boldsymbol{F}}\right|(f_z)$ 是平均铣削力的合力与每齿进给量的函数关系;$\left|\overline{\boldsymbol{F}}\right|(f_{z,0})$ 是铣削加工过程中某一特定点的平均铣削力合力;$R_1(f_z)$ 是一阶泰勒展开式的余项。

平均铣削力合力对铣削每齿进给量的一阶偏导数为

$$\frac{\partial\left|\overline{\boldsymbol{F}}\right|}{\partial f_z} = \frac{1}{2\left|\overline{\boldsymbol{F}}\right|} \cdot \frac{\partial(\overline{\boldsymbol{F}}^{\text{T}} \cdot \overline{\boldsymbol{F}})}{\partial f_z} \tag{4.57}$$

结合铣削力的计算公式,可以得到平均铣削力的合力与每齿进给量的函数关系的一阶泰勒展开式为

$$\left|\overline{\boldsymbol{F}}\right|(f_z) = \left|\overline{\boldsymbol{F}}\right|(f_{z,0}) + \frac{\overline{\boldsymbol{F}}^{\text{T}}(f_{z,0}) \cdot \boldsymbol{G}_c \cdot \boldsymbol{K}}{\left|\overline{\boldsymbol{F}}\right|(f_{z,0})} \cdot (f_z - f_{z,0}) + R_1(f_z) \tag{4.58}$$

式中:$\boldsymbol{G}_c$ 为平均剪切作用力的几何影响矩阵;$\boldsymbol{K}$ 为剪切力系数矩阵。

3. 计算优化进给速度

根据式(4.58)可知,平均铣削力合力与每齿进给量在局部成近似线性关系,即平均铣削力合力的增量与每齿进给量的增量近似成正比:

$$k = \frac{\overline{\boldsymbol{F}}^{\text{T}}(f_{z,0}) \cdot \boldsymbol{G}_c \cdot \boldsymbol{K}}{\left|\overline{\boldsymbol{F}}\right|(f_{z,0})} \tag{4.59}$$

在计算优化的每齿进给量时,可以利用这一比例关系,通过实际测量的径向平均铣削力合力与其限定值的差值计算每齿进给量的调整值,即

$$\delta f_z = (F_{\lim} - |\overline{F_{meas}}|)k_p \tag{4.60}$$

式中：δf_z 是每齿进给量的调整量；$F_{\lim}$ 是已经设定的铣刀能承受的径向力的极限值；$|\overline{F_{meas}}|$ 是径向平均铣削力合力，是通过在线测量与实时计算得到的；k_p 是每齿进给调整量比例系数，是 k 的倒数。

在铣削进给速度优化问题的在线求解过程（见图 4.25）中，铣削力对比就是计算径向平均铣削力与其极限值的差值，即 $F_{\lim} - |\overline{F_{meas}}|$。

根据测量计算得到的径向平均铣削力 $\overline{F_{meas}}$，得到在线求解过程中的每齿进给调整量比例系数 k_p，其表达式为

$$k_p = \frac{|\overline{F_{meas}}|}{\overline{F_{meas}}^T \cdot \boldsymbol{G}_c \cdot \boldsymbol{K}} \tag{4.61}$$

每齿进给调整量比例系数 k_p 不仅与径向平均铣削力 $|\overline{F_{meas}}|$ 有关，还与平均剪切作用力的几何影响矩阵 $\boldsymbol{G}_c$、剪切力系数矩阵 $\boldsymbol{K}$ 相关。平均剪切作用力的几何影响矩阵 $\boldsymbol{G}_c$ 与刀具参数、铣削啮合形式等定常工况因素有关，还受到工艺参数等时变工况因素的影响。剪切力系数矩阵 $\boldsymbol{K}$ 与刀具涂层、工件材料等定常工况因素有关。

在计算每齿进给调整量比例系数 k_p 时，式中的径向平均铣削力 $\overline{F_{meas}}$ 及其合力 $|\overline{F_{meas}}|$ 是通过在线测量与实时计算获得的（图 4.25 中铣削力获取）；平均剪切作用力的几何影响矩阵 $\boldsymbol{G}_c$ 和剪切力系数矩阵 $\boldsymbol{K}$ 需要根据当前实际加工过程的定常工况在工艺知识库中匹配获取；同时，平均剪切作用力的几何影响矩阵 $\boldsymbol{G}_c$ 的确定还需要考虑当前加工状态的时变工况，时变工况通过侦测加工获取（图 4.25 中过程侦测）。

得到径向平均铣削力与其极限值的差值 $F_{\lim} - |\overline{F_{meas}}|$，及每齿进给调整量比例系数 k_p 后，可以通过式（4.60）计算每齿进给量的调整值。获得每齿进给量的调整值后，就可以计算优化后新的铣削进给速度了。

优化后新的每齿进给量可以通过在当前的每齿进给量上叠加每齿进给量调整值得到：

$$f_z^{opt} = f_z^{crt} + \delta f_z \tag{4.62}$$

式中：f_z^{opt} 是优化后新的每齿进给量；f_z^{crt} 是当前实际的每齿进给量。

当前实际的每齿进给量可以通过当前实际的铣削进给速度及主轴转速计算得到：

$$f_z^{crt} = \frac{f^{crt}}{n^{crt}N} \tag{4.63}$$

式中：f^{crt} 是当前实际的铣削进给速度；n^{crt} 是当前实际的主轴转速；N 是铣刀的

齿数,在加工过程之前已经确定,加工过程中保持不变。将式(4.63)代入式(4.62)中,就可得到优化后新的每齿进给量。

优化后新的进给速度可以通过优化后新的每齿进给量与主轴转速计算得到:

$$f^{\text{opt}} = f^{\text{crt}} + \delta f_z N n^{\text{crt}} \tag{4.64}$$

当前实际的铣削进给速度及主轴转速为时变工况因素,由图4.25中的过程侦测获取。

4. 验证刀具磨损速率约束准则

在该铣削进给速度优化问题中,除了刀具所受的径向平均铣削合力的约束准则外,还有另一个约束准则,即刀具磨损速率约束准则。根据第一个约束准则计算得到优化后新的铣削进给速度后,还需要根据第二个约束准则对其进行验证。

刀具磨损速率定义为单位切削加工时间内刀具后刀面磨损的增加量,即刀具后刀面磨损量对加工时间的导数。

$$r_{\text{VB}} = \frac{\text{dVB}}{\text{d}t} \tag{4.65}$$

式中:r_{VB} 是刀具磨损速率;VB 是铣刀后刀面磨损量;t 是加工时间。

刀具磨损速率可以表示成时变工况因素的函数:

$$r_{\text{VB}} = r_{\text{VB}}(f_z, v_c, \text{VB}) \tag{4.66}$$

式中:f_z 是铣削每齿进给量;v_c 是铣削切削速度。

将优化后新的每齿进给量,以及当前的铣削切削速度、后刀面磨损量代入式(4.66)中可以计算出与其相对应的刀具磨损速率。优化后新的每齿进给量可以通过优化后新的铣削进给速度及当前的主轴转速计算得到。当前的切削速度可以通过当前的铣削主轴转速和铣刀半径计算得到。

通过式(4.66)计算得到与优化后新的铣削进给速度相对应的刀具磨损速率,将其代入式(4.46)中,验证该刀具磨损速率是否满足该式的约束。如果式(4.46)的约束成立,则该磨损速率能够满足约束。那么,将其作为优化的结果。如果式(4.46)的约束不成立,则该磨损速率不满足约束。那么,需要根据刀具磨损速率约束准则重新计算铣削进给速度的优化结果。

5. 重新计算铣削进给速度

如果优化后新的铣削进给速度不能满足刀具磨损速率约束准则,则需要根据刀具磨损速率约束准则重新计算铣削进给速度的优化结果,即寻找能够满足刀具磨损速率约束准则的最大铣削进给速度。

采用单点弦割法,对刀具磨损速率约束准则对应的方程进行求解,计算满足条件的铣削进给速度。将铣削加工过程中当前的每齿进给量 f_z^{crt} 作为单点弦割法的初始点,即固定的求解迭代点,将根据铣削力约束准则优化得到的每齿进给量作为单点弦割法的第一个迭代点,则可以表示为

$$\begin{cases} f_z^0 = f_z^{\mathrm{crt}} \\ f_z^1 = f_z^{\mathrm{opt}} \end{cases} \tag{4.67}$$

在单点弦割法中,通过第 j 个解迭代计算第 $j+1$ 个解的过程为,用初始固定点与第 j 个解的对应点之间连接的弦割线代替原来的方程表达式进行线性求解,以该直线的根作为迭代法中的第 $j+1$ 个解。该求解过程的迭代公式为

$$f_z^{j+1} = f_z^j - \frac{\left[r_{\mathrm{VB}}\left(f_z^j\right) - r_{\mathrm{VBlim}}\right]\left(f_z^j - f_z^0\right)}{r_{\mathrm{VB}}\left(f_z^j\right) - r_{\mathrm{VB}}\left(f_z^0\right)} \tag{4.68}$$

式中:f_z^j 是单点弦割法中的第 j 个解;f_z^{j+1} 是单点弦割法中的第 $j+1$ 个解。

在迭代求解停止的判定中,除了控制结果的精度外,还要确保求解的每齿进给量满足刀具磨损速率约束准则。迭代求解得到每齿进给量后,结合当前实际的铣削主轴转速计算与之相对应的铣削进给速度。

刀具磨损速率与每齿进给量的函数为增函数,重新计算得到的铣削进给速度要小于根据铣削力约束准则计算得到的铣削进给速度。因此,不需要再验证平均铣削合力的约束准则,即重新计算得到的结果为铣削进给速度优化的最终结果。

根据验证刀具磨损速率约束准则的结果,决定进给速度优化结果。优化结果将从根据铣削力约束准则计算的进给速度和根据刀具磨损速率约束准则计算的进给速度中选取。确定最终的铣削进给速度优化结果后,将其从优化求解流程中输出给进给速度反馈控制模块,同时将其记录于存储介质中,为铣削进给速度的离线学习提供数据基础。

4.5.3 工艺参数的离线学习与迭代优化

工艺参数离线学习是指,在零件加工完成后离线的环境下,根据在线求解得到的工艺参数,对零件加工 NC 代码中的工艺参数进行修正,从而实现工艺参数的学习和积累,为下一个零件的加工提供更优的初始 NC 代码。

铣削加工工艺参数离线学习的主要流程如下。

(1) 优化匹配。将铣削进给速度在线求解的结果与该零件的加工 NC 代码按照代码行进行匹配,即得到每一行 NC 代码所对应的优化结果。然后将零件的加工 NC 代码与该零件的结构进行匹配,即得到每一行代码所对应的零件部

位。最后得到参数求解结果、加工 NC 代码和零件结构部位三者之间的同步匹配关系,为主轴转速选取和参数修正提供支持。

(2) 转速选取。对被加工零件进行铣削颤振稳定域仿真计算,确定被加工零件各个部位的最大许用转速。根据零件加工 NC 代码与该零件结构部位的匹配关系,确定每一行 NC 代码重新选用的主轴转速。在满足刀具许用线速度约束、刀具磨损速率约束和主轴最大转速约束的前提下,可以选择较大的主轴转速,以提高加工效率。

(3) 参数修正。根据在线求解结果及其与该零件加工 NC 代码的匹配关系,得到 NC 代码上每一点优化后的每齿进给量,结合重新选取的主轴转速计算新的进给速度。根据重新选取的主轴转速和重新计算的进给速度,对每一行 NC 代码中的主轴转速及进给速度进行修正。

(4) 参数平滑。为了避免加工过程中机床的主轴转速和进给速度加减速过于剧烈,以至于影响加工质量甚至损坏刀具或机床,需要对工艺参数的变化进行平滑处理。沿着修正后的铣削加工 NC 代码分析其工艺参数,对工艺参数在加工过程中的变化进行均匀平缓过渡,使得在加工过程中机床的运动平稳,不会出现剧烈的突变。

以上过程实现了工艺参数的学习积累,为下一个零件的加工提供了更优的原始 NC 代码。铣削加工工艺参数离线学习的主要步骤如图 4.26 所示。

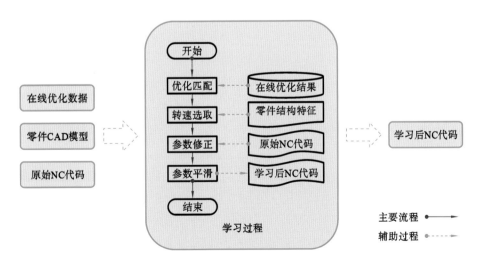

图 4.26 进给速度离线学习的流程

本章参考文献

［1］周续. 环形薄壁零件铣削过程动态响应预测与控制研究［D］. 西安：西北工业大学，2016.

［2］HOU Y H，ZHANG D H，MEI J W，et al. Geometric modelling of thin-walled blade based on compensation method of machining error and design intent［J］. Journal of Manufacturing Processes，2019，44:327-336.

［3］侯尧华，张定华，张莹. 薄壁件加工误差补偿建模与学习控制方法［J］. 机械工程学报，2018,54(17)：108-115.

［4］HAN C，ZHANG D H，LUO M，et al. Chip evacuation force modelling for deep hole drilling with twist drills［J］. The International Journal of Advanced Manufacturing Technology，2018，98(9-12)：3091-3103.

［5］HAN C，LUO M，ZHANG D H，et al. Iterative learning method for drilling depth optimization in peck deep-hole drilling［J］. Journal of Manufacturing Science and Engineering，2018，140(12)：1-12.

［6］侯永锋. 铣削工况时变因素的侦测识别与学习优化方法［D］. 西安：西北工业大学，2016.

第 5 章
加工过程的动态响应预测与调控

动态响应一般是指在输入激励作用下系统产生的从初始状态到最终状态的连续输出信号。而对于薄壁零件铣削过程,工艺系统的动态响应是指由于刀齿断续冲击或切削厚度波动而激发的工艺系统振动,其中最为主要的振动是铣削颤振与强迫振动。金属切削过程中,即使没有周期性外力作用,由于系统内部激发及反馈的相互作用,工件和刀具之间也常会发生强烈振动,即铣削颤振。颤振的振幅和频率由工艺系统本身决定。此外,刀具刀齿在周期性切入、切出弱刚性工件的过程中,不断对工件产生激励,从而产生振动,即强迫振动。强迫振动的频率和幅值与周期性切削力、工艺系统刚度、阻尼和频率都相关。两种振动形式在弱刚性工艺系统中同时存在,且两种振动形式都会对加工表面粗糙度和加工精度产生不利影响,并损害刀具与机床设备,降低生产效率。长期以来,众多学者致力于加工振动理论的研究,以求揭示其产生机理与规律,从而加以控制[1]。

5.1　加工过程动态响应的控制方法

从铣削加工工艺系统的动力学基本方程式(2.1)可以看出,可以从 M、C、K、F 四个方面进行调控以达到理想的工艺系统动态响应状态。其中,切削力 F 可以通过切削参数及铣削过程中刀具刀齿的激励控制进行调节,例如切削参数优选和刀具齿间角的控制等实现途径。M、C、K 的调控则可以通过调节装夹方式来改变工艺系统的 M、C 或 K 等系统属性来实现。工艺系统动态响应调节量及其控制方法如表 5.1 所示。

表 5.1　工艺系统动态响应调节量及其控制方法

调节量	控 制 方 法
F	切削参数优选、刀具结构优化(齿间角)
M	附加质量块

调节量	控 制 方 法
C	辅助夹具支撑、附加阻尼器
K	辅助夹具支撑、附加阻尼器

5.2 铣削过程中的交变激振力

在航空薄壁零件的半精、精加工过程中,由于加工余量很小,刀具刀齿会间断性地切入、切出工件表面,进而产生交变激振力并引起加工振动。

5.2.1 交变激振力的产生原因

在航空发动机复杂结构零件表面半精、精加工过程中,通常规划密集的加工轨迹来保证残留高度符合设计要求。此时,刀具会一直处于较小的径向与轴向切深状态,如图5.1所示。在这种情况下,刀具的切削状态表现为断续切削,即当刀齿 j 开始切入材料时,刀齿 $j-1$ 已经切出材料,如图5.1(a)所示;而当刀齿 j 切出材料时,刀齿 $j+1$ 还未开始切削材料,如图5.1(b)所示。

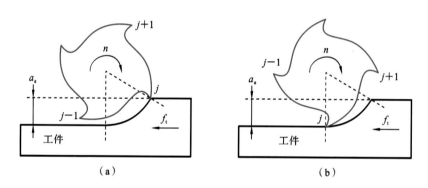

图5.1 刀具刀齿切入、切出工件表面

(a) 刀具刀齿切入工件表面 (b) 刀具刀齿切出工件表面

在刀齿 j 参与切削阶段,微元切片对应的切屑厚度不为零,切削力大小不为零;在刀齿 j 完成切削而刀齿 $j+1$ 还未开始切削阶段,微元切片对应的切屑厚度为零,切削力大小为零。因此,在铣削过程中,刀具的旋转导致每个刀齿不断地切入、切出工件。这种高度间断性的切削给工件带来连续的冲击激励并使得切削力出现波动,进而引发加工过程中不可避免的强迫振动。

记 n 为主轴转速,N 为刀具齿数,则刀具刀齿切入、切出工件的周期可以由刀齿通过频率 f_{tpf} 表示:

$$f_{tpf} = \frac{nN}{60} \tag{5.1}$$

5.2.2 交变激振力表征与分解

根据 Altintas 的切削力机械模型[2],作用在切削刃微元上的径向、切向和轴向切削力可以表示为加工时间 t 和轴向高度 z 的函数,即

$$\begin{bmatrix} dF_r(t,z) \\ dF_t(t,z) \\ dF_a(t,z) \end{bmatrix} = \sum_{j=1}^{N} g(\varphi_j(t,z)) \begin{bmatrix} dF_{r,j}(t,z) \\ dF_{t,j}(t,z) \\ dF_{a,j}(t,z) \end{bmatrix} \tag{5.2}$$

切削力包括前刀面上作用的剪切力和由刀具齿根面与已加工表面之间犁耕作用产生的刃口力,因此切削力可以分解为如下形式:

$$\begin{bmatrix} dF_r(t,z) \\ dF_t(t,z) \\ dF_a(t,z) \end{bmatrix} = \sum_{j=1}^{N} g(\varphi_j(t,z)) \begin{bmatrix} dF_{r,j}^c(t,z) + dF_{r,j}^e(t,z) \\ dF_{t,j}^c(t,z) + dF_{t,j}^e(t,z) \\ dF_{a,j}^c(t,z) + dF_{a,j}^e(t,z) \end{bmatrix} \tag{5.3}$$

铣削过程中刀具承受的切削力与切屑厚度密切相关。在上述切削力模型中,切削力可以表示为切屑厚度和切削力系数的函数。根据线性刃口力理论,刀齿 j 在轴向高度 z 处的瞬时静态和动态切削力分别表示为

$$\begin{bmatrix} dF_{r,j}^{cs}(t,z) \\ dF_{t,j}^{cs}(t,z) \\ dF_{a,j}^{cs}(t,z) \end{bmatrix} = \begin{bmatrix} K_{rc} \\ K_{tc} \\ K_{ac} \end{bmatrix} h_{s,j}(t,z) ds \tag{5.4}$$

$$\begin{bmatrix} dF_{r,j}^{cd}(t,z) \\ dF_{t,j}^{cd}(t,z) \\ dF_{a,j}^{cd}(t,z) \end{bmatrix} = \begin{bmatrix} K_{rc} \\ K_{tc} \\ K_{ac} \end{bmatrix} h_{d,j}(t,z) ds \tag{5.5}$$

式中:$h_{s,j}(t,z)$ 为静态切屑厚度,$h_{d,j}(t,z)$ 为动态切屑厚度。

在弱刚性工艺系统中,由于刀具以及工件的刚性不足,在切削力的作用下刀具和工件之间会产生相对位移,这种位移一般发生在主振动方向。振动及相对位移的存在导致工件被加工表面纹理的波动,从而造成加工过程中动态切屑厚度的变化,如图 5.2 所示。因此,铣削过程中瞬时切屑厚度包括了两部分:进给量对应的静态切屑厚度及刀具与工件之间的相对振动引起的动态切屑厚度。

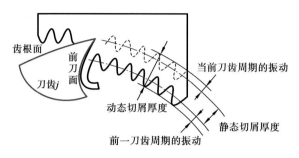

图 5.2　铣削中的静态与动态切屑厚度

　　在小切深铣削过程中,由于刀具的断续切削和切屑厚度波动,会出现两种不同作用机理的交变切削力:一种是由刀具切削过程中的再生效应引起的切削力交变分量,在加工过程中会导致非稳态的切削颤振;另一种是在无颤振状态下,由刀具刀齿的断续切削引起的切削力交变分量。这种周期性的冲击在加工过程中会引起周期性的强迫振动。因此,铣削加工中的交变激振力可以进一步分解为动态切削力部分和静态切削力部分,如图 5.3 所示。

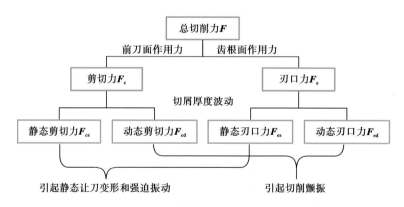

图 5.3　交变激振力分解关系图

5.3　铣削加工动态响应预测

5.3.1　铣削加工中的强迫振动

　　在薄壁零件铣削过程中,随着工件材料的连续切除,切削力和工艺系统模态参数也会发生变化。即使在工艺系统本身处于稳定状态时,加工工件某些部位仍会发生难以预测的加工振动。出现这种现象的原因在于,铣削过程中刀具的旋转导致刀齿不断地切入、切出工件,这种间断性的切削给工件带来了连续的冲击作用,进而引发强迫振动。强迫振动对加工误差有显著影响。一般而言,铣削过程中的强迫振动几乎一直存在,在无颤振发生的情况下也存在,只是多数情况下相对于非稳态铣削时的颤振而言显得并不是很严重。但对于壁厚很小的零件,铣削过程中的强迫振动表现出与颤振类似的表面质量破坏性。

刀具刀齿的断续切削过程会产生周期性的切削力冲击,并作为强迫激励一直存在于工艺系统中,从而构成强迫振动系统。考虑无颤振发生的情况,此时工艺系统中的动态切削力为零,只需考虑周期变化的静态切削力。对薄壁零件铣削系统而言,强迫激振力可以表示为一谐波力:

$$G(t) = G_0 \cos(\omega t) \tag{5.6}$$

则参照式(2.1),工艺系统失稳模态的强迫振动微分方程为

$$m\ddot{x}(t) + c\dot{x}(t) + kx(t) = G_0 \cos(\omega t) \tag{5.7}$$

因此,工艺系统会经历与激振力相同频率的强迫振动,但存在时间或相位滞后。假定初始载荷引起的过渡振动已经消失,此时工艺系统处于稳定状态,则

$$x(t) = X \sin(\omega t + \varphi) \tag{5.8}$$

式中:X 为强迫振动幅值;φ 为相位角。

采用复数谐函数来表示强迫振动会使相应的数学计算更为方便,于是谐波力和相应的谐波响应可以表示为

$$G(t) = G_0 e^{j\alpha} e^{j\omega t} \tag{5.9}$$

$$x(t) = X e^{j(\omega t + \varphi)} \tag{5.10}$$

式中:α 为复平面上相对于参考时间或角度的相位超前。

将式(5.9)和式(5.10)代入强迫振动微分方程(5.7),可得

$$(k - \omega^2 m + j\omega c) X e^{j\varphi} e^{j\omega t} = G_0 e^{j\alpha} e^{j\omega t} \tag{5.11}$$

则谐振的振幅和相位角分别为

$$|\Phi(\omega)| = \left| \frac{X}{G_0} \right| = \frac{1}{k} \frac{1}{\sqrt{(1-\gamma^2)^2 + (2\xi\gamma)^2}} \tag{5.12}$$

$$\varphi = \arctan\left(\frac{-2\xi\gamma}{1-\gamma^2} \right) + \alpha \tag{5.13}$$

式中:γ 为固有频率比;ξ 为阻尼比。式(5.12)和式(5.13)称为工艺系统的传递函数或频率响应函数。

对工艺系统强迫振动幅值相对于静力让刀量 X_0 的放大率进行定义,用 β 表示,它反映了强迫振动的剧烈程度:

$$\beta = \frac{X}{X_0} = \frac{1}{\sqrt{(1-\gamma^2)^2 + (2\xi\gamma)^2}} \qquad (5.14)$$

对于不同的阻尼比 ξ,根据强迫振动理论,可得固有频率比与放大率之间的关系,如图 5.4 所示。

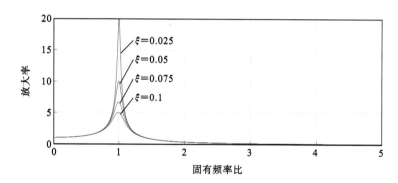

图 5.4 固有频率比与放大率的关系

根据刀齿通过频率的定义,可以得到主轴转速与放大率之间的关系:

$$\beta = \frac{X}{X_0} = \frac{1}{\sqrt{\left[1-\left(\dfrac{nN}{60f_d}\right)^2\right]^2 + \left(\dfrac{\xi nN}{30f_d}\right)^2}} \qquad (5.15)$$

在理想情况下,当刀具和工件都为刚性时,记刀具与工件沿进给方向的相对运动为 $u_r(t)$,该量与进给率有关。在无切削颤振的情况下,考虑工件的柔性时,两者之间的实际运动就由理想情况下的运动和系统振动引起的运动共同组成,可以表示为

$$u(t) = u_r(t) + u_s(t) \qquad (5.16)$$

则在周期性切削力的作用下,因工艺系统振动引起的实际加工表面和设计表面之间的误差 $\varepsilon_{\mathrm{SLE}}$ 为

$$\varepsilon_{\mathrm{SLE}} = \mathrm{sign}\left[u_r(t) - u(t)\right] \qquad (5.17)$$

式中:$\mathrm{sign}(\cdot)$ 用于区分顺铣和逆铣,顺铣时取 -1,逆铣时取 1。仿真得到的加工误差随主轴转速变化的情况如图 5.5 所示。

由图 5.4 和图 5.5 可以发现,当刀齿通过频率与工艺系统的固有频率接近(即固有频率比 γ 趋近于 1)时,在周期性激励作用下,强迫振动幅值显著增大。

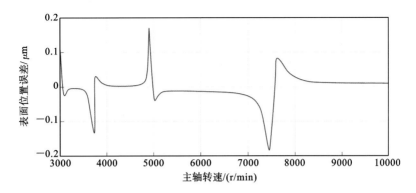

图 5.5　表面位置误差与主轴转速的关系

由刀齿通过频率的定义可知,通过调整主轴转速,可以控制刀齿通过频率与工艺系统固有频率之比 γ,进而改变放大率 β,从而将交变激振力引起的强迫振动幅值控制在限定的范围之内,避免产生过大的振动而影响薄壁零件表面加工质量,加剧刀具磨损。

5.3.2　铣削加工颤振稳定性预测

5.3.2.1　颤振稳定性的高效全离散预测方法

铣削加工过程中,系统的状态方程可以表示为

$$\dot{x}(t) = Ax(t) + B(t)x(t) - B(t)x(t-\tau) \tag{5.18}$$

式中:A 为恒定矩阵;$B(t)$ 是满足 $B(t) = B(t+\tau)$ 的时间周期矩阵;τ 为时间延迟;$x(t)$ 代表刀具和工件之间的相对位移。

为求解状态方程(5.18),可对状态方程右侧的 $B(t)x(t)$ 和 $B(t)x(t-\tau)$ 项进行近似,而左边的导数项保持不变。这个时滞微分方程可以由一系列常微分方程表示。首先,将时间周期项分割为 m 个时间段,每一个时间段的间隔为 Δt,$\Delta t = \tau/m$,对于第 j 个时间间隔 $[t_j, t_{j+1}]$,常微分方程可以表示为

$$\dot{x}(t) = Ax(t) + \tilde{B}(t)\tilde{x}(t) - \tilde{B}(t)\tilde{x}(t-\tau), \quad t \in [t_j, t_{j+1}] \tag{5.19}$$

其中,$t_j = j\Delta t$,$j = 1, 2, \cdots, m$。$x(t)$ 在时间 t_j 和 t_{j+1} 处的导数为

$$\begin{cases} \dot{x}(t_j) = Ax(t_j) + B(t_j)[x(t_j) - x(t_j - \tau)] \\ \dot{x}(t_{j+1}) = Ax(t_{j+1}) + B(t_{j+1})[x(t_{j+1}) - x(t_{j+1} - \tau)] \end{cases} \tag{5.20}$$

从式(5.20)可以很明显地得到,在每个时间间隔内,$\dot{x}(t_j)$ 和 $\dot{x}(t_{j+1})$ 可以准确地用 A、$B(t_j)$、$B(t_{j+1})$ 和一些离散的状态值表示。利用状态项和状态项的

导数,在时间段$[t_j,t_{j+1}]$内,$x(t)$使用埃尔米特插值表示为

$$\tilde{\pmb{x}}(t)=\pmb{K}_1(t)\pmb{x}_j+\pmb{K}_2(t)\pmb{x}_{j+1}+\pmb{K}_3(t)\pmb{x}_{j-r}+\pmb{K}_4(t)\pmb{x}_{j-r+1} \qquad (5.21)$$

其中,$\pmb{x}_j$表示$\pmb{x}(j\Delta t)$,且有

$$\begin{cases} \pmb{K}_1(t)=\dfrac{(t-\Delta t)^2\{[\pmb{I}+(\pmb{A}+\pmb{B}_j)t]\Delta t+2t\pmb{I}\}}{\Delta t^3} \\[3mm] \pmb{K}_2(t)=\dfrac{\{(-\pmb{A}-\pmb{B}_{j+1})\Delta t^2+[3\pmb{I}+(\pmb{A}+\pmb{B}_{j+1})t]\Delta t-2t\pmb{I}\}t^2}{\Delta t^3} \\[3mm] \pmb{K}_3(t)=-\dfrac{(t-\Delta t)^2 t\pmb{B}_j}{\Delta t^2} \\[3mm] \pmb{K}_4(t)=-\dfrac{t^2(t-\Delta t)\pmb{B}_{j+1}}{\Delta t^2} \end{cases} \qquad (5.22)$$

时滞项$\pmb{x}(t-\tau)$在时间段$[t_j,t_{j+1}]$内可以通过$\pmb{x}_{j-m}$、$\pmb{x}_{j-m+1}$、$\pmb{x}_{j-m+2}$进行二次插值,表示为

$$\tilde{\pmb{x}}(t-\tau)=\pmb{K}_5(t)\pmb{x}_{j-m}+\pmb{K}_6(t)\pmb{x}_{j-m+1}+\pmb{K}_7(t)\pmb{x}_{j-m+2} \qquad (5.23)$$

其中,

$$\begin{cases} \pmb{K}_5(t)=\left(\dfrac{1}{2}\dfrac{t^2}{\Delta t^2}-\dfrac{3}{2}\dfrac{t}{\Delta t}+1\right)\pmb{I} \\[3mm] \pmb{K}_6(t)=\left(-\dfrac{t^2}{\Delta t^2}+\dfrac{2t}{\Delta t}\right)\pmb{I} \\[3mm] \pmb{K}_7(t)=\left(\dfrac{1}{2}\dfrac{t^2}{\Delta t^2}-\dfrac{1}{2}\dfrac{t}{\Delta t}\right)\pmb{I} \end{cases} \qquad (5.24)$$

在时间段$[t_j,t_{j+1}]$内,$\tilde{\pmb{B}}(t)$可以通过$\pmb{B}_j$和$\pmb{B}_{j+1}$利用线性插值表示为

$$\tilde{\pmb{B}}(t)=\pmb{B}_j+\dfrac{\pmb{B}_{j+1}-\pmb{B}_j}{\Delta t}(t-t_j) \qquad (5.25)$$

然后,在时间段$[t_j,t_{j+1}]$内,求解方程式(5.19),得到

$$\pmb{Q}_j\pmb{y}_{j+1}=\pmb{H}_j\pmb{y}_j+\pmb{H}_{j-m}\pmb{y}_{j-m}+\pmb{H}_{j-m+1}\pmb{y}_{j-m+1}+\pmb{H}_{j-m+2}\pmb{y}_{j-m+2} \qquad (5.26)$$

式中:$\pmb{Q}_j$、$\pmb{H}_j$、$\pmb{H}_{j-m}$、$\pmb{H}_{j-m+1}$、$\pmb{H}_{j-m+2}$为系数矩阵,其与时间周期矩阵$\pmb{B}_j$和$\pmb{B}_{j+1}$相关,表达式分别为

$$\pmb{Q}_j=\pmb{I}-d_1\pmb{B}_j-d_2\pmb{B}_{j+1}$$

$$\pmb{H}_j=s_1\pmb{B}_j+s_2\pmb{B}_{j+1}+e^{\pmb{A}\Delta t}$$

$$\pmb{H}_{j-m}=e_1\pmb{B}_j+e_2\pmb{B}_{j+1}$$

$$\pmb{H}_{j-m+1}=f_1\pmb{B}_j+f_2\pmb{B}_{j+1}$$

$$\pmb{H}_{j-m+2}=g_1\pmb{B}_j+g_2\pmb{B}_{j+1}$$

以上各式中:$\pmb{I}$代表单位矩阵;d_1和d_2为恒定矩阵。系数矩阵d_1、d_2、s_1、s_2、e_1、

e_2 和 f_1、f_2、g_1、g_2 可以分别表示为

$$d_1 = -\left(\frac{A}{\Delta t^3} - \frac{2I}{\Delta t^4}\right)\Phi_4 + \left(\frac{2A}{\Delta t^2} - \frac{5I}{\Delta t^3}\right)\Phi_3 + \left(\frac{3I}{\Delta t^2} - \frac{A}{\Delta t}\right)\Phi_2$$

$$d_2 = \left(\frac{A}{\Delta t^3} - \frac{2I}{\Delta t^4}\right)\Phi_4 + \left(\frac{3I}{\Delta t^3} - \frac{A}{\Delta t^2}\right)\Phi_3$$

$$s_1 = \left(\frac{5I}{\Delta t^3} + \frac{3A}{\Delta t^2}\right)\Phi_3 + \Phi_0 + \left(A - \frac{I}{\Delta t}\right)\Phi_1 + \left(-\frac{3I}{\Delta t} - \frac{3I}{\Delta t^2}\right)\Phi_2 - \left(\frac{2I}{\Delta t^4} + \frac{A}{\Delta t^3}\right)\Phi_4$$

$$s_2 = \frac{\Phi_1}{\Delta t} + \frac{A\Phi_2}{\Delta t} + \left(-\frac{2A}{\Delta t^2} - \frac{3I}{\Delta t^3}\right)\Phi_3 + \left(\frac{2I}{\Delta t^4} + \frac{A}{\Delta t^3}\right)\Phi_4$$

$$e_1 = \frac{1}{2}\frac{\Phi_3}{\Delta t^3} - \Phi_0 + \frac{5}{2}\frac{\Phi_1}{\Delta t} - \frac{2\Phi_2}{\Delta t^2}$$

$$e_2 = -\frac{\Phi_1}{\Delta t} + \frac{3}{2}\frac{\Phi_2}{\Delta t^2} - \frac{1}{2}\frac{\Phi_3}{\Delta t^3}$$

$$f_1 = -\frac{\Phi_3}{\Delta t^3} + \frac{3\Phi_2}{\Delta t^2} - \frac{2\Phi_1}{\Delta t}$$

$$f_2 = \frac{\Phi_3}{\Delta t^3} - \frac{2\Phi_2}{\Delta t^2}$$

$$g_1 = \frac{1}{2}\frac{\Phi_3}{\Delta t^3} - \frac{\Phi_2}{\Delta t^2} + \frac{1}{2}\frac{\Phi_1}{\Delta t}$$

$$g_2 = -\frac{1}{2}\frac{\Phi_3}{\Delta t^3} + \frac{1}{2}\frac{\Phi_2}{\Delta t^2}$$

其中，

$$\Phi_0 = \int_0^{\Delta t} e^{A(\Delta t - \xi)} d\xi$$

$$\Phi_1 = A^{-1}(\Phi_0 - \Delta t I)$$

$$\Phi_2 = A^{-1}(2\Phi_1 - \Delta t^2 I)$$

$$\Phi_3 = A^{-1}(3\Phi_2 - \Delta t^3 I)$$

$$\Phi_4 = A^{-1}(4\Phi_3 - \Delta t^4 I)$$

根据式(5.26)，定义一个 $2(m+1)$ 维的离散系统：

$$Z_{j+1} = D_j Z_j \tag{5.27}$$

其中，$Z_j = \begin{bmatrix} y_j & y_{j-1} & y_{j-2} & \cdots & y_{j-m} \end{bmatrix}^T$。

很明显，如果矩阵 Q 是非奇异矩阵，那么 D_j 可以表示为

$$D_j = \begin{bmatrix} Q^{-1}H_j & 0 & \cdots & Q^{-1}H_{j-m+2} & Q^{-1}H_{j-m+1} & Q^{-1}H_{j-m} \\ I & 0 & \cdots & 0 & 0 & 0 \\ 0 & I & \cdots & 0 & 0 & 0 \\ \vdots & \vdots & & \vdots & \vdots & \vdots \\ 0 & 0 & \cdots & 0 & I & 0 \end{bmatrix} \tag{5.28}$$

传递矩阵可以通过如下公式得到：

$$\boldsymbol{\Phi} = \boldsymbol{D}_{m-1} \boldsymbol{D}_{m-2} \cdots \boldsymbol{D}_0 \tag{5.29}$$

可以通过判断传递矩阵 $\boldsymbol{\Phi}$ 的特征值的模是否小于 1 来判断系统的稳定性，如果传递矩阵 $\boldsymbol{\Phi}$ 的特征值的模大于 1，则系统是不稳定的，否则，系统是稳定的。

5.3.2.2 环形机匣端铣颤振稳定性快速预测

在航空复杂零件的加工中，所用刀具一般较为复杂，颤振稳定性预测也有其特征。如在航空发动机的环形机匣、压气机叶片加工中，普遍采用环形铣刀，主要是刀具环形刃口部分参与切削。以环形机匣为例，机匣外型面的半精、精加工过程可以简化为环形刀定轴铣削圆环面的实际工况，如图 5.6 所示。

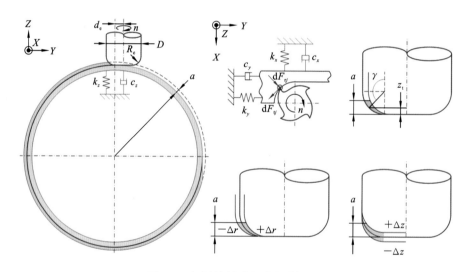

图 5.6 机匣铣削过程动力学模型

在机匣外型面铣削过程中，切削力作用于工件表面并引起动态位移，而前后两个刀齿切削对应的动态位移又形成了动态切屑厚度：

$$h_{\text{d},j}(\varphi_j, \gamma) = (\Delta r \sin\gamma - \Delta z \cos\gamma) g(\varphi_j) \tag{5.30}$$

其中，

$$\Delta r = \Delta x \sin\varphi_j + \Delta y \cos\varphi_j \tag{5.31}$$

根据 Altintas 和 Budak 提出的三维颤振稳定性模型，加工过程中作用在刀具上的动态切削力可以表示为如下时域形式：

$$\begin{bmatrix} F_x(t) \\ F_y(t) \\ F_z(t) \end{bmatrix} = \frac{N}{4\pi} a K_t \boldsymbol{A}_1 \begin{bmatrix} \Delta x(t) \\ \Delta y(t) \\ \Delta z(t) \end{bmatrix} \tag{5.32}$$

式中：$F_x(t)$、$F_y(t)$、$F_z(t)$ 分别为刀具在 x、y、z 方向上的切削力；$\Delta x(t)$、$\Delta y(t)$、$\Delta z(t)$ 分别为刀具在 x、y、z 方向上的动态位移；$\boldsymbol{A}_1$ 为刀具的定向切削系数矩阵。

根据刀具与工件之间交互作用的传递函数，动态位移可以表示为如下频域形式：

$$\begin{bmatrix} \Delta x(\mathrm{i}\omega_c) \\ \Delta y(\mathrm{i}\omega_c) \\ \Delta z(\mathrm{i}\omega_c) \end{bmatrix} = (1 - \mathrm{e}^{-\mathrm{i}\omega_c T}) \boldsymbol{G} \begin{bmatrix} F_x(\mathrm{i}\omega_c) \\ F_y(\mathrm{i}\omega_c) \\ F_z(\mathrm{i}\omega_c) \end{bmatrix} \mathrm{e}^{\mathrm{i}\omega_c T} \tag{5.33}$$

式中：ω_c 为颤振频率；T 为刀齿通过周期；$\boldsymbol{G}$ 为刀具与工件之间的传递函数，$\boldsymbol{G} = \boldsymbol{G}_c + \boldsymbol{G}_w$。加工过程中作用在刀具上的动态切削力可以表示为如下频域形式：

$$\begin{bmatrix} F_x(\mathrm{i}\omega_c) \\ F_y(\mathrm{i}\omega_c) \\ F_z(\mathrm{i}\omega_c) \end{bmatrix} = \frac{N}{4\pi} a K_t (1 - \mathrm{e}^{-\mathrm{i}\omega_c T}) \boldsymbol{A}_1 \boldsymbol{G} \begin{bmatrix} F_x(\mathrm{i}\omega_c) \\ F_y(\mathrm{i}\omega_c) \\ F_z(\mathrm{i}\omega_c) \end{bmatrix} \tag{5.34}$$

此时，工艺系统的颤振稳定性预测问题转变为特征值求解问题。式(5.35)和式(5.36)分别表示特征方程和特征值：

$$\det\{\boldsymbol{I} + \lambda \boldsymbol{A}_1 \boldsymbol{G}\} = 0 \tag{5.35}$$

$$\lambda = -\frac{N}{4\pi} a K_t (1 - \mathrm{e}^{-\mathrm{i}\omega_c T}) \tag{5.36}$$

因此，可以得到铣削加工时的极限稳定切深和主轴转速：

$$a_{\lim} = -\frac{2\pi \mathrm{Re}(\lambda)}{N K_t} \left[1 + \left(\frac{\mathrm{Im}(\lambda)}{\mathrm{Re}(\lambda)} \right)^2 \right] \tag{5.37}$$

$$n = \frac{60\omega_c}{N \left[(2k+1)\pi - 2\arctan\dfrac{\mathrm{Im}(\lambda)}{\mathrm{Re}(\lambda)} \right]} \tag{5.38}$$

式中：$\mathrm{Im}(\lambda)$ 表示取 λ 的虚部；$\mathrm{Re}(\lambda)$ 表示取 λ 的实部；k 为叶瓣序号。

机匣外型面的半精、精加工过程中，工件的回转和刀具的旋转分别实现了进给运动与材料切削。为了避免刀具底刃切削材料，通常采用多轴方式进行加工。一般在采用环形刀加工时，前倾角度越小，切削行宽越大，材料切除率也就越大；并且机匣外型面具有较好的开敞性，较小的前倾角度即可满足走刀轨迹的刀轴方向要求。机匣的环形、薄壁结构特征使得工件子系统的主模态沿着工件表面法向,即该方向为主振方向。当选用较小的前倾角度时,可以假设工件的主振方向和刀具轴向即 z 向一致。此时,若忽略刀具横向即 x 向和 y 向上的动态位移,便可得到一维的颤振稳定性模型,则前述机匣铣削加工颤振稳定性问题可以简化为

$$F_z(\mathrm{i}\omega_c) = \frac{N}{2\pi} a_z K_t \alpha_z \mathrm{Re}[G_z(\mathrm{i}\omega_c)] F_z(\mathrm{i}\omega_c) \tag{5.39}$$

其中,

$$\alpha_z = \varphi[-K_r(\cos2\gamma+1)+K_a\sin2\gamma]_{\varphi_{st}}^{\varphi_{ex}} \tag{5.40}$$

$$\mathrm{Re}[G_z(\mathrm{i}\omega_c)] = \frac{1-d_z^2}{k_z[(1-d_z^2)^2+(2\xi_z d_z)^2]} \tag{5.41}$$

$$d_z = \frac{\omega_c}{\omega_n} \tag{}$$

式中:a_z 为刀具轴向切深;k_z 为工件 z 向刚度;ξ_z 为工件 z 向阻尼比;ω_n 为工件固有频率。

当机匣外型面铣削过程中的前倾角度为零时,刀具轴向切深 a_z 与工件加工余量 a 相等。但在机匣外型面多轴铣削时,会存在较小的前倾角度,此时刀具轴向切深 a_z 与工件加工余量 a 之间具有如下关系:

$$a_z = \frac{a}{\cos\theta} \tag{5.42}$$

此时,式(5.39)可以变为

$$F_z(\mathrm{i}\omega_c) = \frac{N}{2\pi\cos\theta} a K_t \alpha_z \mathrm{Re}[G_z(\mathrm{i}\omega_c)] F_z(\mathrm{i}\omega_c) \tag{5.43}$$

由于刀具与工件都具有复杂的几何结构,因此两者之间的啮合界面也十分复杂。切削力系数、接触角等沿刀具轴向是在不断变化的。因此,可以采用一种基于微元切片的多轴铣削颤振稳定性预测方法。如图 5.7 所示,对于每个微元切片,其厚度表示为 Δa_z。将各个刀具轴向微元切片上 m 个轴向微元切片动态切削力进行叠加,可以得到作用在整个刀具上的动态切削力:

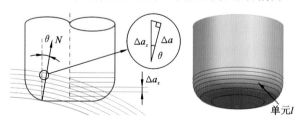

图 5.7　刀具微元切片及其几何关系

$$F_z(\mathrm{i}\omega_c) = \frac{N}{2\pi\cos\theta}\Delta a\Big(\sum_{l=1}^{m}K_{t,l}\alpha_{z,l}\Big)\mathrm{Re}\big[G_z(\mathrm{i}\omega_c)\big]F_z(\mathrm{i}\omega_c) \tag{5.44}$$

因此,可以得到刀具轴向微元切片厚度 Δa 对应的稳定性极限和主轴转速:

$$\Delta a_{\mathrm{lim}} = \frac{2\pi\cos\theta}{N\big(\sum\limits_{l=1}^{m}K_{t,l}\alpha_{z,l}\big)\mathrm{Re}\big[G_z(\mathrm{i}\omega_c)\big]} \tag{5.45}$$

$$n = \frac{30\omega_c}{N\Big[(k+1)\pi - \arctan\dfrac{d_z^2-1}{2\xi_z d_z}\Big]} \tag{5.46}$$

由于在颤振稳定性分析中有 m 个刀具轴向微元切片,因此整个刀具的稳定性极限为

$$a_{\mathrm{lim}} = m\Delta a_{\mathrm{lim}} \tag{5.47}$$

5.4 基于切削参数优选的铣削动态响应控制

在薄壁零件铣削过程中,工艺系统的稳定性和表面质量与系统刚度及切削参数如主轴转速、轴向切深等密切相关。目前,主要采用切削参数优选和增大工艺刚度的方法进行铣削过程动态响应控制。切削参数优选是通过计算得到颤振稳定性叶瓣图和表面位置误差图,并据此选择合适的轴向切深-主轴转速参数组合来避免切削颤振和强迫振动。

由第 2 章内容可知,实际加工中的材料切除效应会使工艺系统的动力学特性发生显著变化,并造成稳定性叶瓣图交错排列,切削参数选取困难。为此,可采用面向单行刀位轨迹的切削参数优选方法,也可称为分行定主轴转速的工艺策略。该方法以单行刀位轨迹内的材料切除序列为第三维度,建立描述工艺系统动力学演化的三维稳定性叶瓣图。图 5.8 和图 5.9 所示为机匣加工切削行

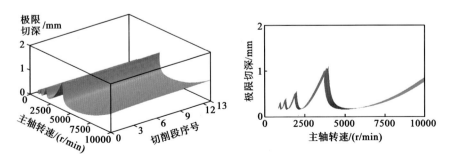

图 5.8　切削行 l_1 对应的三维稳定性叶瓣图及其二维投影

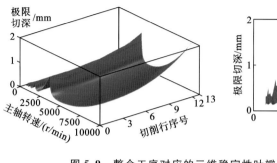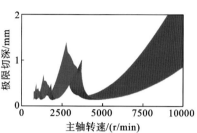

图 5.9 整个工序对应的三维稳定性叶瓣图及其二维投影

l_1 和整个工序对应的三维稳定性叶瓣图及其二维投影。可以发现,在单个切削行内,最初和最终切削段对应的稳定性叶瓣图共同构成了整个切削行的稳定性叶瓣图边界。由于单个切削行内工艺系统的动力学特性变化幅度较小,因此根据三维稳定性叶瓣图可以确定出较大的稳定参数区域,获得较宽的主轴转速区域和较大的稳定极限切深选择。而在整个工序内,根据三维稳定性叶瓣图确定的稳定参数区域较小,可优化选择的主轴转速区域较窄,可优化选择的稳定极限切深较小,造成整个加工过程中动态响应的容错能力降低,加工效率下降。

截取三维稳定性叶瓣图在不同主轴转速下的剖面,可以更加直观地分析单个切削行内或整个工序内的铣削过程稳定性问题。图 5.10 所示为切削行 l_1 对应的不同主轴转速时的三维稳定性叶瓣图剖面。可以发现,对于 0.5 mm 的加工余量,当主轴转速为 3000 r/min 时,各个切削段都会发生颤振;当主轴转速为 3500 r/min 时,各个切削段都处于稳定状态;当主轴转速为 4000 r/min 时,前面几个切削段处于稳定状态,后续的切削段则都会发生颤振。图 5.11 所示为整个工序对应的不同主轴转速时的三维稳定性叶瓣图剖面。可以发现,当主轴转

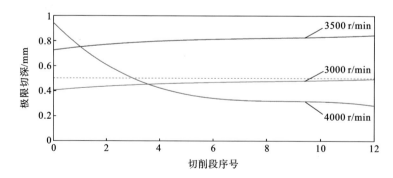

图 5.10 切削行 l_1 对应的不同主轴转速时的三维稳定性叶瓣图剖面

速为 4000 r/min 时,各个切削行都会发生颤振;而当主轴转速为 3000 r/min 和 3500 r/min 时,一部分切削行处于颤振状态,另一部分切削行处于稳定状态。因此,可以针对不同的切削行选取不同的主轴转速,保证各个切削行的稳定切削,进而保证整个工序的稳定切削。主轴转速的改变可以在各个切削行的进刀、退刀操作中实现。

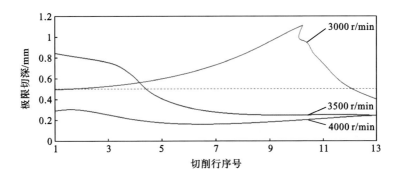

图 5.11 整个工序对应的不同主轴转速时的三维稳定性叶瓣图剖面

另外,在机匣表面加工过程中,如果产生了过大的交变激振力,会使得强迫振动幅值超过刀具或工件的振动允许极限,从而造成刀具或工件的破坏甚至报废。因此,必须对机匣表面加工过程中的强迫振动幅值进行控制。当刀齿通过频率与刀具固有频率接近时,工艺系统的振动幅值会放大,机匣加工表面的振动加剧,误差增大。因此,可以将表面位置误差图引入三维稳定性叶瓣图之中,并在图上优化选择切削参数,从而实现抑制加工过程中切削颤振和强迫振动的目的。如图 5.12 所示,可以发现,在主轴转速 0~10000 r/min 范围内包括 4 个

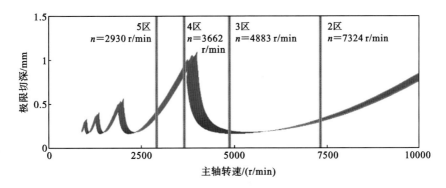

图 5.12 切削行 l_1 对应的动态响应控制参数优选区域

强迫振动幅值放大区,其中 2 区位于主轴转速 7404 r/min 附近,3 区位于主轴转速 4936 r/min 附近,4 区位于主轴转速 3702 r/min 附近,5 区位于主轴转速 2962 r/min 附近。强迫振动幅值放大区和稳定性叶瓣图边界共同构成了稳定参数区域的约束条件。

在选择合适的切削参数时,一方面要根据预测的稳定性叶瓣图来避免切削颤振,另一方面要避开强迫振动幅值放大区来控制表面位置误差。

主轴转速 n 的约束条件为

$$\begin{cases} 0 < n \leqslant n_{\max} \\ n \neq \dfrac{60 f_{\text{tpf}}}{Nk} \quad (k=1,2,\cdots) \end{cases} \tag{5.48}$$

式中:$n_{\max}$ 为机床许用的最大主轴转速。

轴向切深 a_{p} 的约束条件为

$$\begin{cases} 0 < a_{\text{p}} \leqslant a_{\text{pmax}} \\ 0 < a_{\text{p}} \leqslant a_{\lim}(n) \end{cases} \tag{5.49}$$

式中:a_{pmax} 为该道工序的最大切削深度;$a_{\lim}(n)$ 为保持稳定切削的极限切深,该值需要与主轴转速匹配。

根据上述约束条件,在图中进行切削参数优选,保证同时控制单行刀位轨迹内切削颤振和强迫振动。图 5.13 所示为机匣加工切削行 l_1 对应的切削参数优选结果。机床许用的最大主轴转速为 8000 r/min,半精加工工序选用的切削深度为 0.5 mm。从图 5.13 中可以发现,能够保证不发生切削颤振的主轴转速范围为 3175~3779 r/min,并且当主轴转速选取在 3702 r/min 附近时会发生强迫振动。选取主轴转速的调整区间为 200 r/min,选取主轴转速可选范围的中间值 3477 r/min 为切削行 l_1 使用的主轴转速。主轴转速 3377~3577 r/min 区

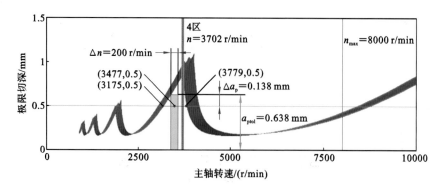

图 5.13 切削行 l_1 对应的切削参数优选结果

间不覆盖强迫振动幅值放大 4 区,可以同时避免整行刀位轨迹内切削颤振和强迫振动的发生。主轴转速 3377~3577 r/min 区间对应的容错切深为 0.638 mm,即该区间内允许的轴向切深波动范围为 0.138 mm。当强迫振动幅值放大区位于主轴转速许用区间中部造成主轴转速难以选取时,优先在许用区间右侧选取主轴转速,此时可以获取较大的容错切深,同时为了保证稳定切削可以适当缩小主轴转速的调整区间。

5.5 基于刀具非均匀齿间角优化设计的响应控制方法

常规的铣刀一般采用均匀齿间角设计,近年来的一些研究发现,非均匀齿间角在抑制铣削加工振动方面具有显著效果。本节重点介绍一种非均匀齿间角铣刀的设计方法[3]。

5.5.1 变齿间角铣刀的颤振稳定性预测方法

如图 5.14 所示,考虑一个二自由度的再生颤振模型,由于刀具-工件相对位移的存在,总的切屑厚度 $h_j(t)$ 包含图 5.14(d) 中的静态部分 $S_j\sin\phi_j(t)$ 和图

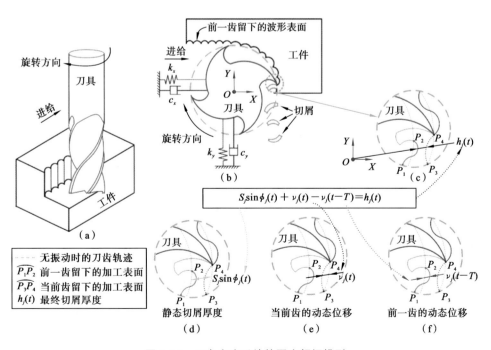

图 5.14　二自由度系统的再生颤振模型

航空复杂薄壁零件智能加工技术

5.14(e)、(f)中的动态部分 $\nu_j(t)-\nu_j(t-T)$，即

$$h_j(t)=S_j\sin\phi_j(t)+\nu_j(t)-\nu_j(t-T) \tag{5.50}$$

式中：$\nu_j(t)$ 和 $\nu_j(t-T)$ 分别为当前齿和前一齿在刀具和工件之间形成的动态位移。静态切屑厚度部分不影响动态切屑再生机制，可以在分析中忽略。因此，影响再生颤振的切屑厚度可以重写为

$$h_j(t)=\Delta x\sin\phi_j(t)+\Delta y\cos\phi_j(t) \tag{5.51}$$

式中：Δx 和 Δy 分别为当前齿和前一齿之间的动态位移差值。

因此，动态铣削力可以表示为

$$\begin{cases}F_{\mathrm{t}j}=K_t a h_j(t)\\ F_{\mathrm{r}j}=K_r F_{\mathrm{t}j}\end{cases} \tag{5.52}$$

根据颤振稳定性预测的零阶法[2]，极限稳定切深可以表示为式(5.37)。对于非均匀齿间角铣刀，对应齿间角 P_j 的两齿形成的波纹表面之间的相位差 ε_j 可以表示为

$$\varepsilon_j=\omega_c T_j \tag{5.53}$$

式中：T_j 和 ε_j 分别为第 j 个刀齿的周期和对应的相位差。因而，针对非均匀齿间角的临界切深可以表示为

$$a_{\lim}^{\mathrm{vp}}=-\frac{4\pi\mathrm{Im}(\lambda)}{K_t S} \tag{5.54}$$

其中，

$$S=\sum_{j=1}^{N}\sin(\omega_c T_j)=\sum_{j=1}^{N}\sin\varepsilon_j \tag{5.55}$$

从式(5.54)可以看出，非均匀齿间角的设计主要是尽可能地减小 S 以增大极限稳定切深。

5.5.2　相邻齿间角间的几何关系

非均匀齿间角铣刀的齿间角通常可以表示为 $P_1,P_2,P_1,P_2,\cdots$，其中，P_1 和 P_2 分别为两个不同的齿间角。具有 N 个齿的非均匀齿间角铣刀，一般满足如下条件：

$$\sum_{i=1}^{N}P_i=2\pi\Rightarrow\begin{cases}N(P_1+P_2)/2=2\pi,N\text{ 为偶数}\\ \dfrac{[(N+1)P_1+(N-1)P_2]}{2}=2\pi,N\text{ 为奇数}\end{cases} \tag{5.56}$$

考虑一把具有偶数个刀齿的铣刀，齿间角 P_1 和 P_2 满足如下条件：

$$P_1+P_2=\frac{4\pi}{N} \tag{5.57}$$

126 •

根据式(5.53),两个齿间角对应的相位差分别为

$$\begin{cases} \varepsilon_1 = \dfrac{60\omega_c P_1}{2\pi n} \\ \varepsilon_2 = \dfrac{60\omega_c P_2}{2\pi n} \end{cases} \tag{5.58}$$

将式(5.57)代入式(5.58)并进行简化可以得到

$$\varepsilon_2 = \varepsilon_s - \varepsilon_1 \tag{5.59}$$

式中:$\varepsilon_s = 120\omega_c/(Nn)$。

将式(5.59)代入式(5.55)可得

$$S = \frac{N[\sin\varepsilon_1 + \sin(\varepsilon_s - \varepsilon_1)]}{2} \tag{5.60}$$

对于给定齿数的铣刀,N 为定值。因此,只有 $\sin\varepsilon_1 + \sin(\varepsilon_s - \varepsilon_1)$ 影响最终的极限稳定切深。

5.5.3　铣刀非均匀齿间角设计

记 $\overline{S} = \sin\varepsilon_1 + \sin(\varepsilon_s - \varepsilon_1)$,则刀具非均匀齿间角的设计转换为最小化 $\overline{S}$ 的值。从上式可以看出,$\overline{S}$ 只与 ε_1 和 ε_s 有关,而 ε_s 只与加工条件有关。变化的齿间角只会影响 ε_1 的值,而难点在于,对于不同的加工工艺系统和加工条件,ε_s 难以确定。因此,必须对 ε_s 的变化进行考虑,以保证在选择合适的 ε_1 值时齿间角设计方法的鲁棒性,从而有效增大极限稳定切深。

$\overline{S}$ 随 ε_1 和 ε_s 变化的情况如图 5.15(a)所示。因 $a_{\lim}^{\mathrm{vp}}$ 为正值,所以可只考虑 $|\overline{S}|$ 的变化,如图 5.15(b)所示。从图中可以看出,$\varepsilon_1 = 0, \pi, 2\pi$ 时都可以得到 $|\overline{S}|$ 的最小值。但是,当 $\varepsilon_1 = \pi$ 时,动态切屑厚度及切削力会增大。因此,只可选取 $\varepsilon_1 = 0$ 和 $\varepsilon_1 = 2\pi$ 的情况。一般情况下,选择 $\varepsilon_1 = 2k\pi$ 可以同时达到增加颤振稳定性和减小切削力的效果。

将 $\varepsilon_1 = 2k\pi$ 代入式(5.58)可得优化后的非均匀齿间角:

$$\begin{cases} P_1 = 2k\pi \times \dfrac{2\pi n}{60\omega_c}, \quad k = 1, 2, 3, \cdots \\ P_2 = \dfrac{4\pi}{N} - P_1 \end{cases} \tag{5.61}$$

采用上述方法设计得到的针对某加工工艺系统的一组四齿非均匀齿间角组合为(84°,96°,84°,96°),与均匀 90° 齿间角相比,相应的颤振稳定性对比如图 5.16 所示。从图中可以看出:① 当轴向切深为 1 mm 时,对于均匀齿间角铣刀,主轴转速只能在 r_{u1}、r_{u2}、r_{u3}、r_{u4} 四个区间中选择,而变齿间角铣刀主轴转速

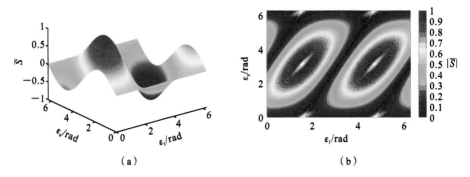

图 5.15 $\overline{S}$ 随 ε_1 和 ε_s 变化的情况

(a) $\overline{S}$ 变化的三维曲面　(b) $|\overline{S}|$ 变化的二维轮廓

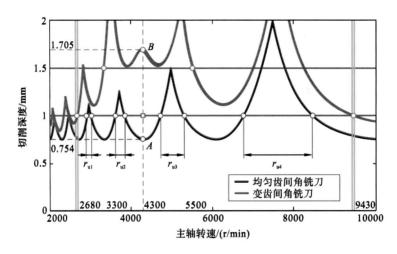

图 5.16 均匀齿间角和非均匀齿间角铣刀对应的颤振稳定性

的选择范围为 2680～9430 r/min。② 当主轴转速选为 4300 r/min 时,均匀齿间角铣刀最大稳定轴向切深为 0.754 mm(A 点),而非均匀齿间角铣刀的最大稳定轴向切深可达 1.705 mm(B 点)。

5.6 工件-夹具子系统动力学特性调控方法

薄壁零件加工通常需要设计和使用专用夹具,一方面通过专用夹具来保证工件的有效装夹与精确定位,另一方面通过专用夹具来增强工件薄弱部位的工艺刚性,进而提高加工精度和表面质量。针对航空薄壁结构零件,可通过工件-夹具子系统的调整实现动态响应的控制。

5.6.1 基于附加辅助支撑的调控方法

对于薄壁结构零件,在其刚性差的部位进行辅助支撑可以提高该部位抵抗加工变形与振动的能力。例如在较大尺寸航空发动机压气机叶片、环形机匣的加工过程中,可以采用辅助支撑的方式提高被加工件的刚性,从而减少交变切削力作用下的动态响应[1]。

机匣是航空发动机中一类典型的关键、重要零件,具有环形、薄壁等结构特征。这类零件既是形成发动机推进气流通道的重要部分,又是发动机的承力构件和核心部件的安装定位基准,其加工精度和表面质量是否满足设计要求,将直接影响发动机服役的安全性和可靠性。在机匣加工过程中,材料强度大、结构壁厚小、时变特性强、装夹方式复杂等因素致使工件产生加工变形与振动的倾向十分显著,使得加工过程难以控制,工件表面质量差,加工效率低。本小节以机匣为例,说明辅助支撑在动态响应调控中的作用。

如图 5.17 所示,机匣装夹过程中,每个支撑杆沿着机匣内表面支撑位置的法向产生作用。支撑杆与机匣内表面不直接刚性接触,两者之间隔有一层阻尼

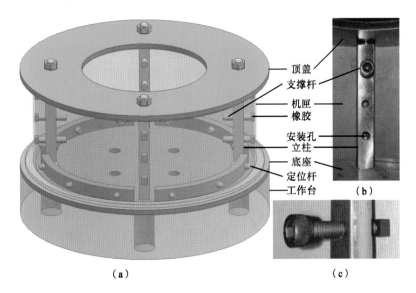

顶盖
支撑杆
机匣
橡胶
安装孔
立柱
底座
定位杆
工作台
(b)

(a)　　　　　(c)

图 5.17　环形机匣辅助支撑示意图

(a) 机匣夹具　(b) 立柱　(c) 支撑杆

材料。弹性材料可以选择橡胶。采用带有弹性橡胶的支撑杆来控制机匣外型面铣削过程中的动态响应,其中弹性橡胶用于修改工艺系统的局部阻尼,起到消耗动态响应能量的作用;支撑杆则用来修改工艺系统的局部刚度,起到提高机匣侧壁刚度的作用。此时,工艺系统局部的动力学方程可以表示为

$$m_{w,z}\ddot{z}(t)+(c_{w,z}+\Delta c_{w,z})\dot{z}(t)+(k_{w,z}+\Delta k_{w,z})z(t)=F_z(t) \quad (5.62)$$

式中:$m_{w,z}$、$c_{w,z}$、$k_{w,z}$ 分别为工件表面某个切削位置的法向模态质量、阻尼、刚度;$\Delta c_{w,z}$、$\Delta k_{w,z}$ 为工件表面某个切削位置的法向模态阻尼、刚度摄动;$z(t)$ 为工件表面某个切削位置的法向位移;$F_z(t)$ 为工件表面某个切削位置的法向切削力。

如图 5.18 所示,对于某机匣上的三个不同的测试位置,位置 1 处有支撑杆,其相邻位置 2 处无支撑杆,位置 3 为两个支撑杆中间位置。分别在测试位置 1、2、3 处进行铣削试验,并采集得到各测试位置的切削力信号,测量结果如图 5.19 所示。铣削试验采用的切削参数:主轴转速为 5000 r/min,进给速度为 320 mm/min,前倾角度为 4°,径向切宽为 12 mm,轴向切深为 0.5 mm。可以发现,测试位置 1 处的切削力信号非常平稳,刀齿通过频率 333.3 Hz 对应的频谱幅值最大,其他频率对应的频谱幅值都很小,说明支撑杆对测试位置 1 起到了很好的振动抑制作用。测试位置 2 与测试位置 1 紧紧相邻,测试位置 2 处的切削力信号也较平稳,刀齿通过频率 333.3 Hz 对应的频谱幅值最大,其他频率对应的频谱幅值都较小,说明支撑杆对测试位置 1 附近的局部动力学特性都有所

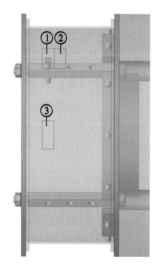

图 5.18　辅助支撑效果测试位置

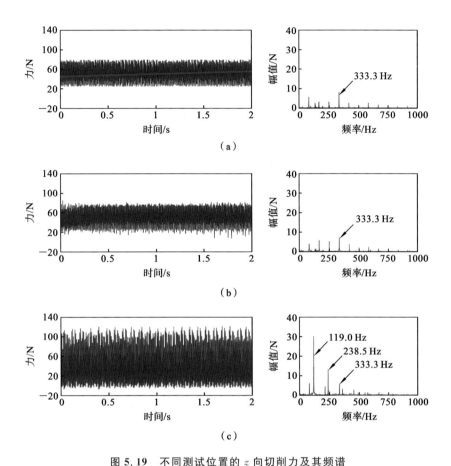

图 5.19　不同测试位置的 z 向切削力及其频谱

（a）测试位置 1 处的 z 向切削力及其频谱　（b）测试位置 2 处的 z 向切削力及其频谱

（c）测试位置 3 处的 z 向切削力及其频谱

改善。而测试位置 3 处的切削力信号出现了大幅度波动，其他频率如 119.0 Hz
和 238.5 Hz 对应的频谱幅值都要比刀齿通过频率 333.3 Hz 对应的频谱幅值
大，即该铣削过程出现了明显的切削振动。

　　由上述分析可知，采用带有弹性橡胶的支撑杆来优化机匣的局部装夹结
构，可以显著改善工艺系统的局部动力学特性。该方法与其他主动式动态响应
控制方法相比，只需对夹具进行局部修改，便于在加工车间实施，同时该方法可
以为加工让刀变形等静力学问题提供解决方案。

5.6.2　基于附加质量块的调控方法

　　对于薄壁结构零件，在其刚性差的部位附加吸振装置可以提高该部位抵抗加工振动的能力。同样以航空发动机薄壁机匣的加工为例,附加的质量块可以吸收并消耗机匣侧壁的各阶振动能量,进而起到抑制加工振动的作用。质量块与机匣内表面不直接刚性接触,两者之间隔有一层弹性橡胶。采用带有弹性橡胶的质量块来控制机匣外型面铣削过程中的动态响应,其中弹性橡胶用来修改工艺系统的局部阻尼,质量块用来修改工艺系统的局部质量,两者都起到消耗动态响应能量的作用。此时,工艺系统局部的动力学方程可以表示为[1]

$$(m_{w,z} + \Delta m_{w,z})\ddot{z}(t) + (c_{w,z} + \Delta c_{w,z})\dot{z}(t) + k_{w,z}z(t) = F_z(t) \quad (5.63)$$

式中:$\Delta m_{w,z}$ 为工件表面某个切削位置的法向模态质量摄动。

分别在无附加质量块和附加 20 g 质量块的条件下进行铣削试验,并采集对应位置的加速度信号,测量结果如图 5.20 所示。铣削试验参数:主轴转速为 5000 r/min,进给速度为 320 mm/min,径向切宽为 12 mm,轴向切深为 0.5 mm。可以发现,无附加质量块时,加速度的振幅范围为 $-20g \sim 20g$[①],振动幅度较大;附加 20 g 质量块时,加速度的振幅范围为 $-8g \sim 8g$,振动幅度明显得到了抑制。

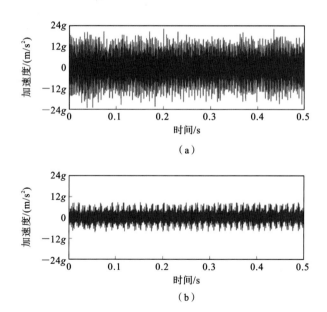

图 5.20 无/有质量块时机匣表面加工的加速度信号

(a)无附加质量块时机匣表面加工的加速度信号 (b)附加 20 g 质量块时机匣表面加工的加速度信号

① g 指重力加速度,$g \approx 9.8$ m/s²。

由以上分析可知,在机匣内壁附加带有弹性橡胶的质量块可以有效降低机匣加工表面的振动幅值,进而提高机匣表面的加工质量。该方法可以和附加支撑杆方法配合使用,支撑杆安装在立柱上,在机匣内壁的固定位置提供法向支撑,而质量块可以灵活地附加在机匣内壁上,通常附加在刚性弱、易发生加工变形和振动的位置。两种方法配合使用可以更有效地抑制加工过程中的动态响应。

5.6.3 基于磁流变阻尼器支撑的调控方法

在薄壁零件加工过程中,工件材料的去除对工件-夹具子系统的稳定性、固有频率、工艺刚度等动态参数都产生了显著影响。实际上,工件材料去除过程即夹具-工件系统动力学特性演化过程,这一时变特性使得稳定切削状态缓慢地向不稳定切削状态演变。在不同加工阶段,系统动态参数的变化使得系统稳定性下降。主要表现是极限切削深度减小,颤振稳定性图发生偏移,造成本来选定的稳定切削参数随着加工过程的进行而转变为不稳定切削参数,导致切削颤振,这将使得薄壁零件切削加工表面质量难以控制。

针对薄壁零件加工过程中夹具-工件系统动态特性演化而引起系统发生颤振的问题,并且为了改善工艺参数优选、不可控工艺刚度增强等方法对颤振抑制的不足,可采用具有磁场可控性能的磁流变阻尼支撑器件实现夹具-工件系统动力学特性重构,保证加工过程的稳定。可重构磁流变阻尼支撑夹具-工件系统结构如图 5.21 所示,该系统主要包括初始定位夹具、薄壁零件、阻尼器、外部供电装置等[4]。

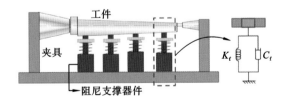

图 5.21 可重构磁流变阻尼支撑夹具-工件系统结构示意图

采用磁流变阻尼支撑器件对薄壁零件进行阻尼支撑,可实现薄壁零件铣削加工中振动响应的控制。根据加工过程中的实际工况条件,对磁流变阻尼支撑器件的电流控制参数进行调控,同时改变阻尼支撑器件的动态阻尼和刚度特性,实现夹具-工件系统动态特性的重构,确保工件加工过程稳定。在这一过程中,磁流变阻尼支撑器件的阻尼特性用于修改夹具-工件系统的局部阻尼特性,起到消耗振动能量的作用;其刚度特性用于修改夹具-工件系统的局部刚度,起到提高薄壁工件刚度的作用。因此,当磁流变阻尼支撑器件对薄壁零件施加作用时,夹具-工件系统动力学特性局部修改后的动力学方程可表示为

$$M\ddot{q}+(C+C_f)\dot{q}+(K+K_f)q+P_z z=F_z(t) \tag{5.64}$$

式中:C_f 为使用磁流变阻尼支撑器件时在支撑点处工件法向模态阻尼矩阵;K_f 为使用磁流变阻尼支撑器件时在支撑点处工件法向模态刚度矩阵。

在薄壁零件实际加工过程中,随着材料去除,夹具-工件系统的动力学特性不断变化,这将造成加工系统的不稳定。因此,可根据实际工况条件对磁流变阻尼支撑夹具-工件系统动力学特性进行合理调控,实现加工工艺系统动态特性重构,从而使加工系统长时间保持稳定加工状态。此时,工艺系统动力学方程可表示为

$$(M+\Delta M)\ddot{q}+(C+\Delta C+C_f)\dot{q}+(K+\Delta K+K_f)q+P_z z=F_z(t) \tag{5.65}$$

式中:ΔM、ΔC、ΔK 分别为材料去除引起的模态质量、阻尼和刚度变化。

在磁流变阻尼支撑夹具-工件系统中,通过调控磁流变阻尼支撑器件的电流控制参数,可改变阻尼支撑器件动态输出特性,进而同时改变夹具-工件系统的刚度和阻尼性能,达到改善磁流变阻尼支撑夹具-工件系统动态特性的目的。基于模态测试试验,不同电流控制参数下,磁流变阻尼支撑夹具-工件系统的稳定性叶瓣图及系统参数分别如图 5.22 和表 5.2 所示。

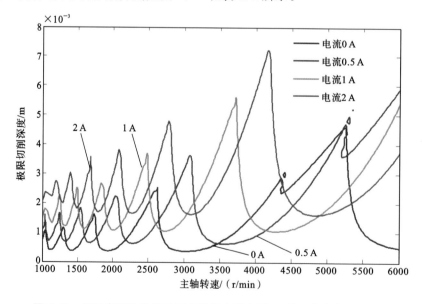

图 5.22　不同电流作用下磁流变阻尼支撑夹具-工件系统稳定性叶瓣图

表 5.2　不同电流作用下磁流变阻尼支撑夹具-工件系统参数

名　　称	电流/A			
	0	0.5	1	2
一阶固有频率/Hz	172.86	203.6	229.8	273.483
阻尼比	0.025	0.031	0.0358	0.0433
法向刚度/($\times 10^6$ N/m)	1.1930	1.3707	1.7612	2.3781

　　从图 5.22 及表 5.2 可以看出,随着磁流变阻尼支撑夹具-工件系统电流增大,磁流变阻尼支撑器件支撑力增大,薄壁工件法向刚度增大,这将引起磁流变阻尼支撑夹具-工件系统的固有频率显著增大,且稳定性叶瓣图水平向右移动,从而改变某些区域切削参数下的稳定性。由此可以看出,磁流变阻尼支撑器件改变了薄壁零件的刚度特性,可有效提高铣削系统的动态稳定性。因此,根据实际加工工况条件,合理提高工件刚度,可以有效抑制加工颤振的发生。但由于磁流变阻尼支撑器件中磁流变液智能材料具有磁饱和特性,磁流变阻尼支撑器件固有频率必须在一定范围内进行调控,因此不能通过无限制地增大系统固有频率来抑制振动。

　　基于图 5.22 所示的稳定性叶瓣图,选取主轴转速为 2000 r/min,进给速度为 320 mm/min,轴向切削深度为 1 mm;刀具直径为 ϕ12 mm,齿数为 2。采用恒定切削参数,在不同的控制电流下完成铣削加工试验,验证了控制电流可改变系统动态响应特性。测得的加工过程振动加速度响应信号和零件加工表面特性如图5.23所示。

　　从图 5.23 可以看出,不对磁流变阻尼支撑夹具-工件系统施加电流时,振动加速度信号幅值较大,波动剧烈,且加工后零件表面粗糙、有振纹,由此说明加工过程发生了颤振;当施加 0.5 A 电流时,振动加速度信号幅值明显减小,但波动仍然明显,加工后零件表面质量有所改善,但仍存在加工振纹,此时同样发生了颤振;当施加 1 A、2 A 电流时,加速度幅值在 ±20g 之间,波动平稳,加工后零件表面光滑、无振纹,验证了在切削加工中,合理地调控磁流变阻尼支撑夹具-工件系统动力学特性可有效改善加工系统稳定性。

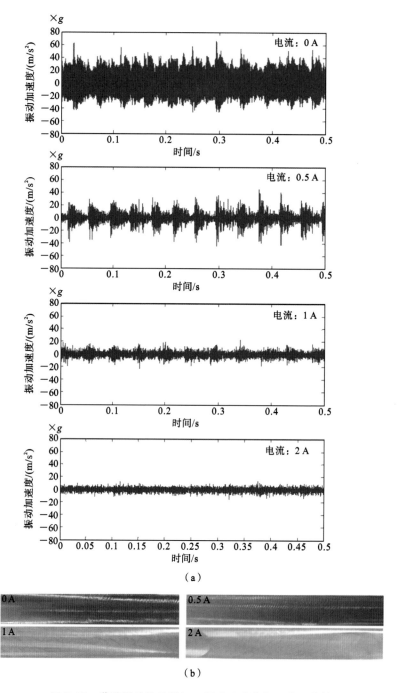

（a）

（b）

图 5.23　薄壁零件的铣削加工振动响应和加工表面特性

（a）不同控制电流下薄壁零件的振动加速度响应信号　（b）不同控制电流下薄壁零件的加工表面特性

本章参考文献

[1] 周续. 环形薄壁零件铣削过程动态响应预测与控制研究［D］. 西安：西北
工业大学，2016.

[2] ALTINTAS Y. Manufacturing automation：metal cutting mechanics，ma-
chine tool vibrations，and CNC design［M］. 2nd edition. New York：
Cambridge University Press，2012.

[3] MEI J W，LUO M，GUO J L，et al. Analytical modeling，design and per-
formance evaluation of chatter-free milling cutter with alternating pitch
variations［J］. IEEE Access，2018，6：32367-32375.

[4] 马俊金. 磁流变阻尼支撑夹具-工件系统的动力学建模与重构方法［D］. 西
安：西北工业大学，2017.

第 6 章
薄壁零件加工残余应力变形的装夹感知

　　薄壁零件在实际应用中,需要很精确的装配定位基准,这就意味着要求很高的制造精度。数控加工是航空薄壁零件的主要制造技术,是决定加工质量和效率的关键因素之一。薄壁零件结构复杂,壁薄,自身刚度弱且分布不均匀,加工难度非常大。数控加工过程中切削力热载荷、装夹力载荷以及残余应力载荷等作用在工件上,导致工件发生变形,影响加工精度的控制和加工效率的提升。目前生产中采用的解决措施是使用保守的切削参数,并在加工完成之后进行二次补偿加工或者手工校形等。这都造成了生产质量和效率的降低。

　　数控切削加工引入的残余应力变形,是造成零件超差报废的重要原因。切削加工金属材料时,毛坯材料的初始残余应力状态被打破;同时加工过程中工件与刀具相接触部分的材料发生塑性变形,在工件加工表面下的薄层内,产生了相当大的加工残余应力。由于薄壁零件具有壁薄、刚性弱等特性,装夹释放后,极易发生残余应力回弹变形,导致零件整体变形超差。如何预测与评估薄壁零件数控加工导致的残余应力变形并对其进行工艺优化控制,是目前研究的热点问题,也是我国航空复杂薄壁零件加工质量提升面临的巨大挑战[1, 2]。

6.1　切削加工中的残余应力

　　金属的切削过程实质上是一个金属发生挤压变形并最终屈服断裂的过程。金属受到挤压时,其内部在生成主应力的同时,还会在与挤压方向成 45°角的方向产生最大剪应力,在剪应力达到金属材料的屈服极限时,材料就会屈服并产生剪切滑移,最终断裂。金属的切削加工过程可以看作刀具对工件材料的周期挤压过程,刀具不断挤压工件材料并使其沿最大剪应力方向滑移断裂从而实现材料去除。

图 6.1 所示为切削过程与残余应力生成机理。在切削加工时,刀尖圆弧前端的工件材料会沿两个方向流动。O 点以上的材料,会从前刀面流出最终形成切屑,O 点以下的部分,会受到加工刀具的挤压,留在已加工表面上,形成加工表层。留在加工表面上的这层材料的塑性变形是残余应力产生的主要原因。在刀具圆弧前端,工件材料受到刀具的切削剪切力的作用,材料晶粒沿切削方向会出现塑性收缩,而垂直于切削方向会发生塑性拉伸。这种现象称作"塑性凸出效应",塑性凸出效应会使加工表面产生残余拉应力。随着刀具的继续切削,已加工表层材料会受到刀具后刀面的犁耕力与摩擦力的作用,刀具对表层材料产生挤压与摩擦,表层材料会进一步发生变形,这种现象称作"挤光效应"。挤光效应往往在已加工表面形成残余压应力。这两种效应主要是由切削力的作用产生的,统称为机械效应。

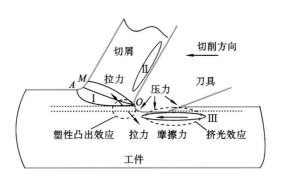

图 6.1 切削过程与残余应力生成机理

金属切削加工过程中,刀具-工件接触界面上会出现剧烈的剪切、挤压、摩擦以及材料屈服流动现象,切削力做功会产生大量的切削热,刀具-工件接触区域的温度会逐渐升高。正常的切削加工中,切削区域的温度可达几百摄氏度,切削温度场存在着非常大的变化梯度。由于大温度梯度的存在,从工件表面到工件内部,温度急剧下降,切削时工件表层材料受热会发生热膨胀,产生拉伸变形,但同时表层材料又受到内部未变形材料的约束,这造成材料受压。在切削过程完成后,工件表层和内部材料的温度都会下降到室温,此时工件材料发生收缩,工件表层收缩多,内部收缩少,表层材料的收缩受到里层材料的约束,最后工件表层出现残余拉应力,里层出现残余压应力。因此,加工表面的温度场幅值越高、温度梯度越大,工件表层的残余拉应力越大。由工件内部切削温度分布不均导致的影响统称为热效应。

切削加工过程中,热效应与机械效应同时产生,在工件表层产生了相应的热应力与机械应力,两者叠加决定了切削完成后工件表层的残余应力分布状态。也就是说,热力耦合效应是切削完成后工件表层的残余应力分布的决定性因素。切削导致的工件表层残余应力分布表征为

$$\sigma_T \approx \sigma_{Mech} + \sigma_{Therm} \qquad (6.1)$$

式中:σ_T 为切削导致的工件表层的残余应力;σ_{Mech} 为机械效应引入的残余应力;σ_{Therm} 为热效应引入的残余应力。

铣削表层残余应力分布是由接触界面上的热力耦合效应导致的,而切削过程的热力耦合状态与切削工况密切相关。根据工件表面切削工况的不同,工件表层残余应力将会呈现不同的分布形式。

6.2　残余应力变形

根据变形机理的不同,薄壁零件的残余应力变形可以分为两种:初始残余应力变形和加工残余应力变形。一方面,毛坯材料生产制造过程中不可避免地会引入初始残余应力。虽然航空用零件毛坯大多经过了去应力处理工序,但是初始残余应力不可能完全消除,经过去应力处理后,毛坯的残余应力大多在几十兆帕左右。加工过程中,特别是粗加工过程中,材料被大量去除,毛坯的内应力平衡状态被打破,造成内应力重分布与再平衡。在此过程中,应力再平衡产生了应变,便产生了初始残余应力变形。另一方面,材料去除时,在刀具-工件接触界面上存在强烈的热力耦合作用,工件表层产生塑性变形,在热力载荷卸载后无法恢复,造成已加工区域表层存在很大的加工残余应力。这个应力在表层沿深度方向变化梯度很大,作用范围在表层几百微米以内。加工残余应力的引入产生了等效力矩,使工件发生加工残余应力变形。一般情况下,两种变形形式共同作用,决定了最终零件的变形状态。当工件壁厚较大时,工件刚度较大,由于加工残余应力作用层很薄,因此,其对零件的变形量贡献较小。但是在薄壁零件加工中,零件最终的厚度可能达到1 mm以下,工件刚度很小,这时加工残余应力作用层已经占了整个工件厚度相当大的比例,此时加工残余应力变形作用非常显著。

如图6.2所示,假设毛坯初始状态为应力平衡状态,零件未发生变形,如图6.2中的a状态。初始残余应力变形是由毛坯材料被切除造成的,这就相当于材料的去除导致部分应力弹簧(残余应力)的去除,零件内应力平衡状态发生改变,零件发生变形恢复平衡状态,造成了零件的初始残余应力变形,如图6.2中

的 b 状态。相应的,切削加工会在工件表层引入加工残余应力,这就相当于在原工件系统上添加了应力弹簧,同样会造成内应力的失衡,引起工件变形,如图 6.2 中的 c 状态,这就是加工残余应力变形。

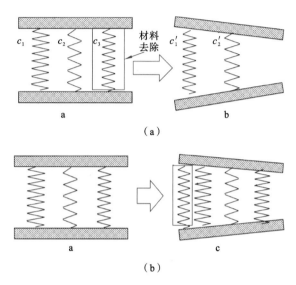

图 6.2 残余应力变形的弹簧模型
(a) 初始残余应力变形   (b) 加工残余应力变形

在零件的整个加工过程中,这两种残余应力变形同时存在,根据变形叠加原理,两者叠加表现为最终的零件残余应力变形。根据这两种变形的生成机理,可将加工过程分为粗加工过程和半精、精加工过程两个工序阶段来进行分析。如图 6.3 所示,对于航空发动机难加工材料薄壁零件,粗加工阶段,零件厚度比较大、刚度较大,毛坯材料被大量去除,初始残余应力变形程度与材料去除量密切相关,此时零件初始残余应力变形较大,占据绝对主导地位,可近似认为初始残余应力变形就是此过程的残余应力变形。半精、精加工阶段,特别是对精密薄壁结构件制造而言,零件多经过了去应力和校形工序,粗加工阶段的变形较少引入后续工序或在后续工序中被切除。在零件的半精、精加工阶段,材料去除量较小,此时零件将被加工至最终的零件厚度,壁厚很小,此时对变形起主要作用的是切削引入的表层残余应力,加工残余应力变形将起主导作用。

根据材料力学原理,在加工零件上建立直角坐标系,则其内部任一点的内应力可表示为如下的张量形式[3]:

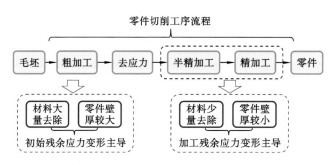

图 6.3 各工序阶段残余应力变形分析

$$\boldsymbol{\sigma} = \begin{bmatrix} \sigma_{xx} & \tau_{xy} & \tau_{xz} \\ \tau_{yx} & \sigma_{yy} & \tau_{yz} \\ \tau_{zx} & \tau_{zy} & \sigma_{zz} \end{bmatrix} \tag{6.2}$$

式中：σ_{xx}、σ_{yy}、σ_{zz} 为正应力分量；τ_{xy}、τ_{yx}、τ_{xz}、τ_{zx}、τ_{yz}、τ_{zy} 为剪应力分量。

正应力分量与剪应力分量共同构成了一点的应力状态，正应力的不平衡将导致零件的弯曲，剪应力的不平衡将导致零件的剪切扭曲。三个正应力分量中，σ_{zz} 为厚度方向的正应力，对薄壁零件而言，厚度方向的抗弯刚度最大，σ_{zz} 对变形的贡献非常小。另外实际生产中，采用的毛坯多为预拉伸板材或者轧制板材，且经过了去应力处理，剪应力分量非常小。因此，在目前的研究中，研究者多忽略厚度方向的正应力和剪应力分量对薄壁零件加工变形的影响，重点分析目前可以有效测量的 σ_{xx}、σ_{yy} 两个正应力分量。σ_{xx} 和 σ_{yy} 为平面应力，分别对应零件沿 XX 方向和 YY 方向的弯曲变形。基于以上原因，对于初始残余应力场，可重点分析零件长宽方向的正应力对初始残余应力变形的影响；对于加工残余应力场，可重点分析刀具切削进给方向和垂直进给方向上的正应力对加工残余应力变形的影响。

6.3　残余应力变形感知预测原理

目前的初始残余应力场测量手段是对毛坯进行切片离散进而获取应力状态，测量中存在着均匀性的假设。实际加工中，对于一些复杂形状的零件毛坯，在其制造过程中由于毛坯边界的复杂性，生成的初始残余应力场分布不均，毛坯初始残余应力场的复杂性使得测量均匀性假设不成立，从而初始残余应力场难以准确测量。这使得零件毛坯初始残余应力状态难以准确获取，从而基于应力场的残余应力变形预测方法不适用。另外,铣削加工过程中,工况因素对加工质量有着重要的影响,会直接决定最终的表层加工残余应力状态,从而影响加工残余应力变形的生成。已有的加工残余应力变形预测方法是基于工况映射和应力贴合实现的,要求加工过程可以离散为定常工况。但是针对时变工况加工过程,加工残余应力场在工件表层分布不均匀,难以通过测量的手段对表层应力场进行评估。基于变形势能感知的残余应力变形预测方法就是针对这一问题提出的。所谓残余应力变形的感知预测,就是在实际的加工过程中,通过传感器对因引入残余应力而产生变化的可监测量进行监测,获得加工前后监测量的变化。在此基础上,对装夹状态下工件的残余变形势能进行感知,建立监测量与最终残余应力变形之间的映射关系,预测零件装夹卸载后自由状态下的残余应力变形。其原理如图 6.4 所示。

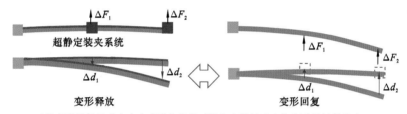

图 6.4　残余应力变形势能感知原理

下面从能量的角度对残余应力变形的感知预测原理进行说明。材料去除在工件内部引入了附加应力场,这个附加应力场由初始残余应力场再平衡引入的附加应力场及热力耦合导致的加工残余应力场两部分组成。假设该附加应力场已知,且只考虑正应力作用,那么其在工件内部引入的总能量可以表示为

$$E_0 = \frac{1}{2} \iiint_V (\sigma_{xx}\varepsilon_x + \sigma_{yy}\varepsilon_y)\mathrm{d}x\mathrm{d}y\mathrm{d}z \tag{6.3}$$

式中:E_0 为切削引入的能量;σ_{xx} 和 σ_{yy} 为应力;ε_x 和 ε_y 为应变。

装夹释放后,在残余应力等效力矩作用下工件产生残余应力变形。定义变形后工件内残余的能量为 E_1,E_1 为此时零件内部的势能。残余应力变形做功满足最小势能原理,即达到平衡状态时,在满足给定边界的位移场中,真实的位移场使得工件的势能最小[4],即

$$\frac{\partial E_1}{\partial u_i} = 0 \tag{6.4}$$

定义 E_d 为装夹释放后非平衡残余应力做功导致工件变形所释放的能量，可以表示为

$$E_d = E_0 - E_1 \tag{6.5}$$

由于装夹的限制，残余应力变形在装夹状态下不表现，能量以势能的方式存储在工件中。装夹卸载后，这部分势能做功表现为残余应力回弹变形，即回弹变形所释放的势能为残余应力变形势能。在装夹状态下，这部分能量的存在导致装夹力发生变化，装夹应力场平衡了切削造成的附加应力场。如图 6.4 所示，根据虚功原理，装夹点释放后，工件发生残余应力变形，工件释放的残余应力变形势能与装夹力增量反向将变形回复所做的功相等。同时工件装夹点的位移也可以近似表示为装夹力变化值的函数，即

$$E_d = E_0 - E_1 = \sum_{i=1}^{n} \Delta F_i \Delta d_i = \sum_{i=1}^{n} \Delta F_i f(\Delta F_i) \tag{6.6}$$

式中：ΔF_i 为第 i 个装夹位置的装夹力变化值；Δd_i 为第 i 个装夹位置释放后的变形。

根据式(6.6)，装夹力的变化与残余应力变形势能存在映射关系，通过监测工件装夹力的变化即可评估整体的残余变形势能，进而达到预测零件的残余应力变形的目的。

6.4 残余应力变形感知预测模型

为了实现残余应力变形的感知预测，需要建立相应的数学模型。记 $\boldsymbol{D}$ 为感知目标矩阵(预测的零件残余应力变形)，$\Delta \boldsymbol{F}$ 为感知量矩阵(装夹力的变化值)，f 为感知量矩阵到目标矩阵的映射关系，则残余应力变形感知预测模型的一般化表达式可以表示为

$$\boldsymbol{D} = f(\Delta \boldsymbol{F}) \tag{6.7}$$

式中，各量分别为

$$\boldsymbol{D} = \begin{bmatrix} \boldsymbol{D}_1 & \boldsymbol{D}_2 & \cdots & \boldsymbol{D}_m \end{bmatrix}^{\mathrm{T}} \tag{6.8}$$

$$\Delta \boldsymbol{F} = \begin{bmatrix} \Delta \boldsymbol{F}_1 & \Delta \boldsymbol{F}_2 & \cdots & \Delta \boldsymbol{F}_m \end{bmatrix}^{\mathrm{T}} \tag{6.9}$$

感知量矩阵 $\Delta \boldsymbol{F}$ 代表不同感知时刻($1,2,\cdots,m$)不同感知位置($1,2,\cdots,n$)装夹力变化值。定义初始装夹力为 $\boldsymbol{F}_0 = \begin{bmatrix} F_{01} & F_{02} & \cdots & F_{0n} \end{bmatrix}$，向量中各元素代表初始时刻 0 感知位置($1,2,\cdots,n$)的装夹力，各个元素的数值需要通过压力传感器感知来确定。零件的加工过程相当于给残余应力变形感知系统提供激励，引入残余应力变形势能，使装夹力发生变化，定义时刻 1 的装夹力为 $\boldsymbol{F}_1 =$

$[F_{11} \quad F_{12} \quad \cdots \quad F_{1n}]$，则装夹力变化向量 $\Delta \boldsymbol{F}_1 = \boldsymbol{F}_1 - \boldsymbol{F}_0$。随着切削过程的进行，新的感知时刻不断取定，在新的时刻感知到的装夹力分别为 $\boldsymbol{F}_2, \boldsymbol{F}_3, \cdots, \boldsymbol{F}_m$，对应扩展的装夹力变化向量分别为 $\Delta \boldsymbol{F}_2, \Delta \boldsymbol{F}_3, \cdots, \Delta \boldsymbol{F}_m$。

目标矩阵 $\boldsymbol{D}$ 代表不同感知时刻 $(1, 2, \cdots, m)$ 不同感知位置 $(1, 2, \cdots, k)$ 零件残余应力变形矩阵。目标矩阵中各元素代表不同感知预测时刻零件的残余应力变形量，即在不同感知时刻释放装夹时零件不同感知预测位置的残余应力变形量。其中，$\boldsymbol{D}_i = [D_{i1} \quad D_{i2} \quad \cdots \quad D_{ik}]$，代表第 i 个感知时刻，零件不同位置的残余应力变形值。需要注意的是，各元素取值位置不一定与装夹力感知位置对应。

实现感知系统最关键的是获得感知量矩阵与目标矩阵之间的映射关系 f，根据该映射关系可通过感知量矩阵求解目标矩阵，从而实现对残余应力变形的感知预测。该映射关系可通过理论推导、有限元仿真或者智能算法等获得。

在真实的加工过程中，材料的切除过程主动引入了残余应力或者造成了内部残余应力的失衡。这相当于给整个感知系统施加了一个激励，造成了感知量矩阵的变化。若对感知过程进行简化，只感知加工完成之后的装夹力变化，加工的激励造成感知量矩阵 $\Delta \boldsymbol{F}$ 的出现，根据已经建立的感知映射关系，即感知量矩阵到目标矩阵的关系 $f : \Delta \boldsymbol{F} \rightarrow \boldsymbol{D}$，即可完成对目标矩阵 $\boldsymbol{D}$ 的有效预测，相应地也就建立了感知系统的数学模型。

从以上叙述可以看到，感知系统的数学模型需要从三方面进行构建。一是感知量矩阵的定义，主要是确定感知手段、感知时刻及感知位置。残余应力变形感知手段监测装夹力的变化，主要是在特定装夹位置安装力传感器，监测加工前后装夹力的变化值；感知时刻可随着加工工艺的需求确定；而感知位置可根据仿真或者试件加工的结果，确定弱刚度位置，施加装夹感知点来确定。二是目标矩阵的定义，主要是确定残余应力变形的预测评估位置。这一点主要根据工艺要求来确定，在零件精度要求高的位置定义评估点；若精度要求一致，则在易变形的位置定义评估点，控制最大残余应力变形。三是映射关系，由于零件结构的复杂性，往往很难通过理论求解的方式获得映射关系，因此需要通过仿真或者智能算法的方式获得该映射关系。

6.5 典型装夹形式残余应力变形势能感知

图 6.5 所示为装夹过程中常用的两种工件-夹具接触方式，图 6.5(a)所

示为法向力接触,图 6.5(b)所示为法向力-双向摩擦力接触。在工件中引入了残余应力变形势能之后,单纯的法向力接触较少,在残余应力等效力矩的作用下,装夹接触多为法向力-双向摩擦力接触方式。采用三向力传感器感知装夹力的变化,能够获得较为精确的结果。但在实际应用中,特别是在薄壁零件加工中,多余约束的存在大多限制工件沿壁厚方向的变形与振动,工件在壁厚方向的刚度远远小于其他方向的刚度,残余应力引入导致的变形也多为壁厚方向的变形。此时法向接触力的变化值要远远大于摩擦力的变化值,采用单向力传感器感知法向接触力的变化也能够较为准确地求解感知预测模型。

（a）   （b）

图 6.5 典型的工件-夹具接触形式

（a）法向力接触 （b）法向力-双向摩擦力接触

下面的分析忽略了装夹接触切向力的变化,重点分析法向弹性接触力的变化。可以采用单向压力传感器监测装夹力的变化,进而预测工件的残余应力变形。

6.5.1 多余约束中存在面约束

如图 6.6 所示,实际应用中,常用的多余约束中存在面约束的装夹形式有三种,分别为面支撑装夹、点对面装夹和面对面装夹。根据式(6.9),残余应力变形感知模型的求解需要感知获得特定位置的装夹力变化。对于多余约束中存在面约束的装夹方式,残余应力变形势能引入所导致的等效力矩被多余约束对工件的装夹力变化值产生的力矩抵消。其数学表达式为

$$M = \sum_{i=1}^{m} \int_{A_i} \Delta p_i \mathrm{d}A \cdot l_i + \sum_{j=1}^{n} \Delta F_j \cdot l_j \qquad (6.10)$$

式中:M 为残余应力等效力矩;m 为面约束数量;A_i 为面约束装夹接触面积;n 为点约束数量;Δp 为面约束接触面上的接触应力增量;ΔF 为点约束上的接触增量;l 为装夹力力臂。

面约束接触合力数值可以通过在夹具上安装压力传感器感知得到。但

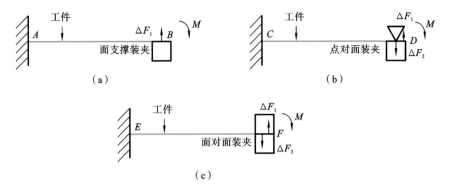

图 6.6 典型面约束装夹系统

（a）面支撑装夹形式 （b）点对面装夹形式 （c）面对面装夹形式

是,当加工完成,工件引入残余应力变形势能之后,工件一端引入了等效力矩。由于面约束装夹接触是一个面,此时夹具对工件的装夹力并不是正对施加的,现有的技术很难直接通过传感的方法获得准确的合力位置。面接触装夹力作用位置的不确定使得感知模型无法准确求解。但在实际应用中,当夹具装夹面相对于整个工件尺寸而言足够小时,可近似认为装夹力施加位置在装夹面的正中。

6.5.2 多余约束为点约束

如图 6.7 所示,实际应用中多余约束为点约束存在两种装夹形式,一种是点支撑形式,另外一种为点对点装夹形式。

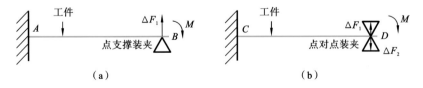

图 6.7 典型点约束装夹系统

（a）点支撑装夹形式 （b）点对点装夹形式

对于点约束装夹形式,其残余应力等效力矩平衡关系为

$$M = \sum_{i=1}^{n} \Delta F_i \cdot l_i \tag{6.11}$$

通过在点约束上安装压力传感器就可以准确感知获得特定约束位置的装夹力,即式(6.11)右侧元素均可准确感知获得。在此种装夹形式下可准确求解残余应力变形感知预测模型。但是应用支撑进行变形感知时,需要预估变形方向,使得支撑位置上工件变形压迫支撑。

如图6.8所示,在实际感知过程中,由于装夹形式的限制,以及零件结构形式和表面形状的复杂性,在装夹过程中往往难以保证传感器感知方向完全与该装夹点处的工件表面法向保持一致。此时,感知到的装夹力为实际接触力向感知杆轴向的分解数值,可通过感知力反求接触力数值用于残余应力变形感知预测模型的求解,求解公式如下:

$$F = F_\mathrm{s} \cdot \frac{|\boldsymbol{\alpha} \cdot \boldsymbol{\beta}|}{\boldsymbol{\alpha} \cdot \boldsymbol{\beta}} \tag{6.12}$$

式中:F 为感知位置装夹力变化值;F_s 为传感器感知到的压力变化值;$\boldsymbol{\alpha}$ 和 $\boldsymbol{\beta}$ 分别为曲面的法向量和传感器的轴向量。

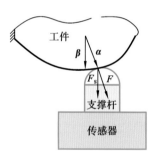

图 6.8　曲面点约束示意图

6.6　残余应力变形感知预测模型求解

为保证装夹的稳定性,数控加工中工件多采用超静定装夹方式。装夹系统中除了维持几何不变的必需约束外还存在一些多余约束。定义装夹系统维持几何不变的必需约束与工件组成的结构为装夹系统的静定基。静定基可以有不同的选择,并不是唯一的。薄壁零件装夹系统的多余约束多为辅助支撑,用以提高系统的刚性,减小加工过程中机械载荷造成的振动以及变形。

在超静定装夹系统中,根据弹性力学相关理论,应用变形叠加原理和变形协调方程可以实现对残余应力变形感知预测模型的求解,求解公式为

$$D_M = -\delta \cdot \Delta F \tag{6.13}$$

式中:D_M 为零件上各变形势能感知点装夹释放后的残余应力变形;δ 为零件上各感知点在任一单位装夹力作用下的变形。此式表明,工件装夹卸载后的残余应力变形等于装夹力变化值的反力单独作用在工件上引起的变形。

以平板装夹系统为例来进行一次超静定装夹系统的残余应力变形感知预测模型的求解。图 6.9(a)所示为一个三维的窄板单面铣削装夹系统,工件为平板,一端采用压板或者螺栓固支,一端采用辅助支撑简支。辅助支撑上安装有压力传感器用以监测支撑力的变化。装夹结构中存在一个多余约束,它是一次超静定装夹系统。

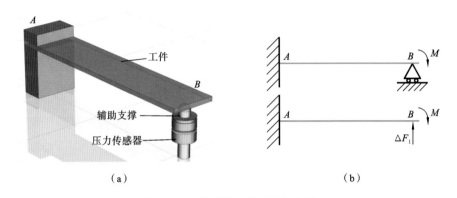

图 6.9 一次超静定装夹系统分析
(a)一次超静定装夹系统 (b)二维简化受力状态

铣削加工过程中刀具切削材料在工件上表层引入残余压应力,使工件发生上凸变形。将工件简化为梁,则装夹系统可简化为简支梁结构,其载荷作用情况如图 6.9(b)所示。加工过程在工件中引入残余压应力,残余压应力对平板变形产生的作用可以用施加在平板一端的力矩 M 进行等效。若不存在多余约束 B,则工件即时发生弯曲变形。由于多余约束 B 对工件作用多余约束力 ΔF_1,工件在装夹状态下未发生变形。残余应力引入的能量以变形势能的形式存储在工件中。解除多余约束 B,以多余约束力 ΔF_1 代替。多余约束力 ΔF_1 即为压力传感器感知到的支撑力变化值。在 ΔF_1 与 M 的共同作用下,工件 B 端支撑点沿 F_1 方向产生位移,定义为 D_1。可以认为 D_1 由两部分组成:一部分是静定基在残余应力等效力矩 M 单独作用下产生的 D_{1M},另一部分是静定基在多余约束力 ΔF_1 作用下产生的位移 D_{1F},即

$$D_1 = D_{1M} + D_{1F} \tag{6.14}$$

式中:位移记号的第一个下标 1 代表位移发生在 B 端 F_1 作用点且沿 F_1 的方向。

由于辅助支撑 B 的存在,B 端不发生位移,因此有

$$D_1 = D_{1M} + D_{1F} = 0 \tag{6.15}$$

在计算 D_{1F} 时,可以在静定基上沿 F_1 方向施加单位力,B 点沿 F_1 方向因单位力作用产生的位移记为 δ_{11}。对于线弹性结构,位移与力的大小成正比,故 D_{1F} 为 δ_{11} 的 ΔF_1 倍,代入公式(6.15),可得

$$D_{1M} = -\delta_{11}\Delta F_1 \tag{6.16}$$

式(6.16)左边为多余约束释放后工件的残余应力引起的变形,右边为支撑力变化反力在静定基上引起的变形。式中 ΔF_1 可通过装夹力监测的方式获得,δ_{11} 可通过理论推导或者仿真的方式获得。这样就建立起了感知量目标矩阵与感知量矩阵之间的映射关系,实现了一次超静定装夹系统残余应力变形感知预测模型的求解。

将上述方法推广到二次超静定装夹系统。图 6.10 所示的超静定装夹结构存在两个多余约束 B 和 C,铣削完成后对其进行受力分析,加工过程引入的残余应力作用以等效力矩代替,多余约束产生两个约束反力。同样解除多余约束 B 和 C,以多余约束力 ΔF_1 和 ΔF_2 代替,那么在多余约束 B 和 C 位置的变形协调方程便可以表示为

$$\begin{cases} \delta_{11}\Delta F_1 + \delta_{12}\Delta F_2 + D_{1M} = 0 \\ \delta_{21}\Delta F_1 + \delta_{22}\Delta F_2 + D_{2M} = 0 \end{cases} \tag{6.17}$$

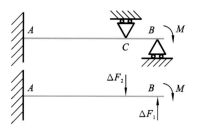

图 6.10　二次超静定装夹系统分析

装夹去除后的残余应力变形即为

$$\begin{cases} D_{1M} = -\delta_{11}\Delta F_1 - \delta_{12}\Delta F_2 \\ D_{2M} = -\delta_{21}\Delta F_1 - \delta_{22}\Delta F_2 \end{cases} \tag{6.18}$$

从上述求解过程可以看到,残余应力场作用下的变形协调方程的推导未

涉及零件结构,因此进一步地将上述方法推广到 n 次超静定装夹系统残余应力变形感知的求解,如图 6.11 所示,则在不同的感知点有以下变形协调方程组:

$$\begin{cases} \delta_{11}\Delta F_1 + \delta_{12}\Delta F_2 + \cdots + \delta_{1n}\Delta F_n + D_{1M} = 0 \\ \delta_{21}\Delta F_1 + \delta_{22}\Delta F_2 + \cdots + \delta_{2n}\Delta F_n + D_{2M} = 0 \\ \quad\vdots \\ \delta_{n1}\Delta F_1 + \delta_{n2}\Delta F_2 + \cdots + \delta_{nn}\Delta F_n + D_{nM} = 0 \end{cases} \tag{6.19}$$

式中:ΔF_i 代表各多余约束上约束力的变化值;δ_{ij} 代表静定结构在 $\Delta F_j = 1$ 单独作用时沿 F_i 方向的位移;D_{iM} 代表静定基结构在残余应力单独作用下,沿 F_i 方向的位移。

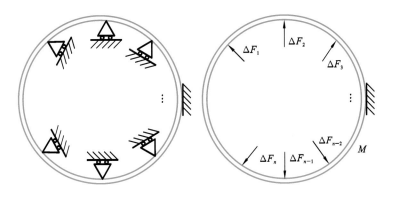

图 6.11 n 次超静定装夹系统

由位移互等定理,力 ΔF_i 在 F_j 作用点沿 F_j 方向引起的位移等于力 ΔF_j 在 F_i 作用点沿 F_i 方向引起的位移,即上述方程组中的系数存在以下关系:

$$\delta_{ij} = \delta_{ji} \tag{6.20}$$

应用该公式可简化方程组系数的求解,系数求解可采用理论推导或者仿真的方式进行。

从上述求解过程中可以看出,基于装夹力监测的残余应力变形感知预测方法能够准确获得感知点的残余应力变形数值,但是对非感知点的评估需要通过位移场拟合的方式获取。这就意味着,对感知距离较远的点的残余应力变形的预测效果存在一定的不确定性,因此需要合理规划感知点的分布,对精度要求高、变形刚度小的区域全面感知,确保变形不超差。

结合上述提出的感知模型、模型求解方法以及感知过程的讨论,残余应力变形的感知预测实现步骤如下。

（1）感知点选取。通过仿真或者理论分析的方法，预估工件可能的变形状态。此时可简化工件结构、残余应力分布等，大致预估变形趋势即可，在变形较大的部位施加感知点。

（2）装夹方案设计。多余约束为点接触时，感知点的残余应力变形可进行准确求解，因此在进行装夹设计时，在保证装夹稳定的同时，尽量采用点装夹形式作为多余约束，将夹紧力传感器安装于其上；若必须采用面装夹形式，则应尽量缩小装夹面面积，近似求解变形值。

（3）加工感知。装夹工件，按照给定工况完成工件的加工。在感知时间点记录装夹力的数值。

（4）变形求解。建立工件装夹系统静定基的有限元模型，在感知位置施加装夹力变化值的反力，得到工件的变形状态。此时的变形状态即为工件装夹卸载后的残余应力变形值。

6.7　薄壁零件加工残余应力变形感知应用案例

材料为 GH4169 材料薄板，尺寸为 160 mm×20 mm×2 mm，取中间区域加工 80 mm×20 mm 的表面，加工深度为 0.5 mm，两端各留 40 mm×20 mm 的区域用于装夹。薄板件在加工前经过去应力热处理，残余应力变形主要由表层加工残余应力导致。下面介绍该薄壁零件加工残余应力变形感知的实现方法。

6.7.1　感知位置的确定

为确定感知位置，在有限元分析软件中建立薄板件装夹系统静定基的加工残余应力变形预测分析有限元模型，通过仿真零件在一定应力分布下的加工残余应力变形，确定弱刚度位置，确定感知点，过程如下所述：

（1）模型的建立及设置。建立薄板的三维模型，采用薄壳绑定的方式将薄板加工面表层划分为 7 层，每层 15 μm，此为加工残余应力的作用区域。设置薄板材料为 GH4169，薄板一端固定约束，采用八节点六面体实体单元划分网格，工件离散为 192000 个单元。

（2）残余应力的施加。将表 6.1 所示残余应力分布按深度施加到各层上。此残余应力采用试验所用参数铣削加工 GH4169 材料块后通过 X 射线衍射测量得到的。若采用变工况加工，由于固定刀具在一定工况范围内切削残余应力具有相似的分布特性,可将在加工表层施加该工况范围内的某一参数下的残余应力分布用于最大变形位置的评估。

表 6.1　加工表层残余应力分布

深度/μm	0	15	30	45	60	75	90
σ_{xx}/MPa	-420	-584	-568	-447	-286	-133	-15
σ_{yy}/MPa	70	-193	-234	-166	-77	-12	20

(3)残余应力变形的计算及后置处理。根据有限元计算结果,获得工件铣削加工后的变形云图,通过有限元模型获得静定装夹下工件的残余应力变形状态,如图 6.12 所示。从图中可以看到,薄壁零件单面加工整体呈现弯曲变形,最大变形位置位于工件长度方向边界处。考虑实际装夹限制,一端装夹与零件成为静定基,则将感知点设置在距边界 10 mm 宽度中点处。

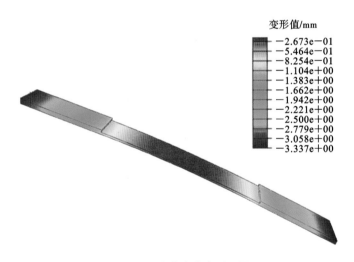

变形值/mm

- $-2.673e-01$
- $-5.464e-01$
- $-8.254e-01$
- $-1.104e+00$
- $-1.383e+00$
- $-1.662e+00$
- $-1.942e+00$
- $-2.221e+00$
- $-2.500e+00$
- $-2.779e+00$
- $-3.058e+00$
- $-3.337e+00$

图 6.12　残余应力变形云图

6.7.2　感知夹具的设计

夹具设计如图 6.13 所示,采用一端夹紧,一端点对点装夹的方式。点对点端上下各安装一个压力传感器,传感器与工件接触面为圆弧面点接触。为了确保点对点位置的准确定位,上下夹具部件上对应位置各有三个螺纹定位孔,与传感器上螺纹孔一起确保传感器安装位置的准确性,上下夹具部件采用嵌套的方式装配,确保点对点装夹。另外,为防止出现加工中振松装夹点

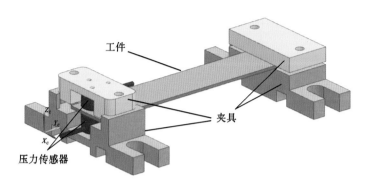

图 6.13　平板装夹系统

的现象,螺栓采用自锁螺母固定,确保加工前后装夹力变化由残余应力引入所导致。

6.7.3　加工感知实验

实验采用两齿平底铣刀加工,切深为 0.5 mm,切宽为 2 mm,切削速度为 80 m/min。采用高精度数采仪获取夹紧力数值。加工前通过数采仪获得夹具上部传感器感知值为 31.6 N,下部传感器感知值为 32.8 N。经传感器校核,上下夹紧力的偏差是由传感器线性度偏差导致的。偏差值较小,且实验需要获取的是数值较小的装夹力的变化值,该偏差对实验结果影响很小。加工后,上传感器感知值为 31.3 N,下传感器感知值为 33.2 N。加工完成后卸载感知端装夹,利用变形测量设备测量工件沿长度中线方向的变形。

6.7.4　变形的求解

由感知结果可知,薄壁零件上部点装夹对平板的作用力变化为 -0.3 N,方向向下;下部点装夹对平板的作用力变化为 0.4 N,方向向上。按照求解公式,薄壁零件残余应力变形等效为在工件上下表面感知位置各施加向下的 0.3 N 和 0.4 N 的载荷产生的变形值。在有限元分析软件中建立有限元仿真模型,在感知点施加向下的载荷获得工件的变形云图,提取沿长度中线的变形数值。感知预测结果与实测结果对比如图 6.14 所示,实测最大变形为 1.07 mm,感知预测最大变形为 0.93 mm,最大感知预测误差为 13%。

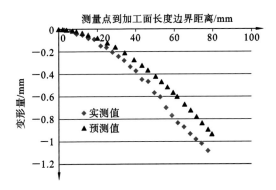

图 6.14　感知预测结果与实测结果对比

本章参考文献

［1］王骏腾. 薄壁件铣削残余应力变形的感知预测与工艺优化方法［D］. 西安：
　　西北工业大学，2019.

［2］WANG J T，ZHANG D H，WU B H，et al. Prediction of distortion in-
　　duced by machining residual stresses in thin-walled components[J]. The
　　International Journal of Advanced Manufacturing Technology，2018，95
　　（9）：4153-4162.

［3］杨吟飞. 基于内应力场的整体结构件加工变形预测和控制技术研究［D］.
　　南京：南京航空航天大学，2010.

［4］张培信. 能量理论结构力学［M］. 上海：上海科学技术出版社，2010.